I0052626

Filosofia contemporânea e história da filosofia

Volume 4

Filosofia, Lógica e Matemática

Conferências no Brasil

Volume 1
Van Orman Quine: Epistemologia, Semântica e Ontologia
Sofia Inês Albornoz Stein

Volume 2
Critérios de Realidade e Outros Ensaios
Claudio F. Costa

Volume 3
Visualização nas Ciências Formais
Abel Lassalle Casanave and Frank Thomas Sautter, eds.

Volume 4
Filosofia, Lógica e Matemática. Conferências no Brasil
Paolo Mancosu

Filosofia contemporânea e história da filosofia

Series Editor: Daniel Vanderveken   Daniel.Vanderveken@uqtr.ca

Filosofia, Lógica e Matemática
Conferências no Brasil

Paolo Mancosu

© Individual author and College Publications 2017. All rights reserved.

ISBN 978-1-84890-263-3

College Publications
Scientific Director: Dov Gabbay
Managing Director: Jane Spurr

http://www.collegepublications.co.uk

Cover design by Laraine Welch
Printed by Lightning Source, Milton Keynes, UK

All rights reserved. No part of this publication may be reproduced, stored in a retrieval system or transmitted in any form, or by any means, electronic, mechanical, photocopying, recording or otherwise without prior permission, in writing, from the publisher.

Sumário

Prefácio

Levei um bom tempo para descobrir a América do Sul, tanto cultural quanto academicamente. Não digo que ignorasse totalmente sua riqueza em ambos os aspectos. Com efeito, quando era um estudante de graduação, encanteime com a poesia sutil e a música mágica de Tom Jobim e enlouquecia as pessoas citando Borges a torto e a direito. E também estava muito ciente, desde meu tempo de aluno de pós-graduação, da força da pesquisa lógica e filosófica realizada no continente sul-americano. Quero mesmo dizer é que, então, ainda não havia sido tomado pelo fervor e pela paixão que desde 2002 têm caracterizado meus contatos com a Argentina e o Brasil. A primeira viagem para a Argentina, em 2002, foi motivada por interesses musicais, qual seja, minha procura de um bandoneon (sou o orgulhoso proprietário e tocador de um esplêndido "Doble A"). Porém, já em meu retorno, em 2003, comecei a estabelecer uma rede de relações acadêmicas por conta da generosidade de Javier Legris e, depois, em 2007, de uma conferência sobre meu trabalho acerca de explicação matemática, organizada por Sandra Visokolskis em Villa María (Córdoba). Quinze palestrantes da Argentina e do Brasil me concederam a honra (certamente não merecida) de comentar vários aspectos de meu trabalho, o que me levou a estreitar os laços com a América do Sul e também ao começo de meu contato com Abel Lassalle Casanave, que desempenhou um papel central em minha visita ao Brasil em novembro de 2008. Foi Abel quem, de fato, em 2007, levantou a possibilidade de um convite para o Brasil, e que o reiterou por e-mail no final de maio de 2008. Ele me propôs um tour acadêmico em seis cidades diferentes (Rio de Janeiro, Santa Maria, Campinas, São Paulo, Fortaleza e Salvador) que imediatamente me atiçou a imaginação tanto pela perspec-

tiva de descoberta geográfica quanto pela paisagem acadêmica
que a viagem prometia descortinar:

> grazie ancora per la tua disponibilità e per avermi voluto offrire
> questa incredibile opportunità di venire in Brasile. Era tanti anni
> che sognavo di farlo e ora vedo che fra poco il sogno diventerà
> realtà.

Havia também outra razão que o tornava o momento do convite perfeito: Durante 2008/2009, eu estava afastado de Berkeley
com uma bolsa da Fundação Guggenheim, e isso me concedeu o
tempo necessário para uma visita. Além disso, tinha uma ampla
gama de artigos prontos para publicação que constituiriam a base
de minhas apresentações nas seis instituições acadêmicas que vis-
itei. Esses artigos já foram publicados e são apresentados neste
livro em tradução para o português. Permita-me dizer algo sobre
como eles se encaixam em minha produção acadêmica como um
todo, e então concluirei com um comentário sobre aqueles colegas
que, com sua generosidade e estímulo intelectual, tornaram meu
mês no Brasil uma experiência inesquecível.

Minha área de pesquisa é história e filosofia da lógica e da
matemática. Dentro dessa categoria ampla, tenho desenvolvido,
nos últimos anos, dois grandes projetos.

História e Filosofia da Lógica e Matemática nas Primeiras Quatro Décadas do Século XX

Nos últimos dez anos, venho pesquisando extensivamente uma
variedade de tópicos na história e na filosofia da lógica e nos fundamentos da matemática. O período de investigação vai, grosso
modo, dos princípios do século XX até o início dos anos 1940. Este
período corresponde à "época de ouro" da lógica matemática, incluindo a descoberta dos teoremas de incompletude de Gödel e o
desenvolvimento da semântica tarskiana, para mencionar aquelas que são, talvez, as duas realizações mais conhecidas da época.
Meu trabalho nessa área foi coletado no livro *As aventuras da
razão: Inter-relações entre lógica matemática e filosofia da matemática*,

1900-1940.[1] Os 17 ensaios contidos no livro caem, naturalmente, nas cinco seções que o constituem: história da lógica matemática; programas fundacionais; fenomenologia e matemática; nominalismo; e a emergência da semântica. No Brasil, apresentei três ensaios que foram publicados naquele livro, a saber, "Tarski, Kokoszyńska e Neurath" (apresentado em Salvador), "As trajetórias nominalistas de Tarski e Quine" (apresentado em Fortaleza) e "A contribuição tarskiana à completude semântica e categoricidade e suas repercussões para o entendimento da teoria de Tarski da consequência lógica" (apresentado em Campinas).

A Filosofia da Prática Matemática

Muitos dos meus trabalhos publicados na última década também focaram em questões acerca de explicação matemática e visualização como sendo parte do desenvolvimento de uma "nova epistemologia" para a matemática, que agora já está em curso e que encontrou, como primeira expressão em livro e também manifesto, o volume *A filosofia da prática matemática.*[2]

Creio que a filosofia da matemática tem sido, em grande medida, sequestrada pela metafísica e pela posição particular do problema que encontra sua mais clara expressão nos bem conhecidos artigos de Benacerraf. Nas décadas recentes, isso teve como consequência uma concepção extremamente estreita de epistemologia da matemática, parcialmente devida à demasiada ênfase em questões ontológicas. Em sua maior parte, a epistemologia corrente da matemática não tem se dirigido a questões relacionadas a fertilidade, entendimento, explicação e outros aspectos epistemológicos próprios da matemática. Apenas recentemente uma nova geração de filósofos da matemática tem começado a abordar tais questões. Além disso, relacionado com a epistemologia, há a necessidade de desenvolver uma epistemologia da matemática que se encaixe bem com o que sabemos sobre a visão e cognição humanas. A despeito dos inesgotáveis apelos ao 'naturalismo', existe uma assustadora escassez de bons trabalhos

---

[1] *The Adventure of Reason: Interplay between mathematical logic and philosophy of mathematics, 1900-1940.* Oxford: Oxford University Press, 2010.

[2] *The Philosophy of Mathematical Practice.* Oxford: Oxford University Press, 2008.

filosóficos oferecendo uma explicação 'naturalista' do conhecimento matemático. Consequentemente, defendo uma filosofia da matemática que é mais próxima da prática matemática do que hoje em dia é o caso. Como vejo as coisas, a filosofia da matemática concede muita pouca atenção à prática matemática, insistindo em teorizar enquanto que, ao mesmo tempo, acomoda relativamente poucos fatos sobre a matemática real. Deveria ser exatamente o inverso, com conclusões filosóficas restritas e possivelmente exploratórias baseadas sobre uma extensa e profunda base de conhecimento sobre a matemática. Ademais, nosso teorizar não deveria ignorar a natureza essencialmente diacrônica do assunto. Esta mudança de perspectiva dá surgimento a um vasto campo de áreas e um grande número de problemas abertos. Além de explicação e visualização, nos últimos três anos explorei novas áreas na filosofia da prática matemática concernentes a estilos matemáticos, fertilidade matemática e pureza de métodos. No Brasil, apresentei três ensaios relacionados a essa pesquisa, a saber, minhas contribuições sobre 'estilo' (Rio de Janeiro), meu artigo sobre 'o invisível na matemática' (Santa Maria) e um artigo sobre explicação matemática (São Paulo).

Aqui, então, está a lista de títulos e locais das palestras:

7/11/08, "'Style' in history and philosophy of mathematics", Departamento de Filosofia, Pontifícia Universidade Católica do Rio de Janeiro;

10/11/08, "La rappresentazione dell'invisibile in matematica", XII Colóquio Conesul de Filosofia das Ciências Formais, Universidade Federal de Santa Maria;

13/11/08, "Semantical completeness, categoricity and logical consequence: an unpublished lecture by Tarski (1940)", Centro de Lógica, Epistemologia e História da Ciência, Universidade de Campinas;

17/11/08, "Mathematical Explanation: why it matters", Departamento de Filosofia, Universidade de São Paulo;

21/11/08, "Quine and Tarski on Nominalism", Departamento de Filosofia, Universidade Federal de Fortaleza;

27/11/08, "Empiricism and Semantics: Neurath's critique of Tarski's theory of truth.", Universidade Federal da Bahia, Salvador.

Para concluir, gostaria de agradecer aos amigos e colegas que tornaram minha visita ao Brasil tão produtiva e agradável. Em primeiro lugar, a Abel Lassalle Casanave, que não somente organizou minha estada no Brasil como também viajou comigo pela maior parte do mês. Ele foi meu guia e um maravilhoso amigo e interlocutor. No Rio de Janeiro, eu me beneficiei da calorosa hospitalidade de Oswaldo Chateaubriand, cuja fama e reputação precediam nosso encontro em muitos anos. Também, apreciei enormemente a companhia de Luiz Carlos Pereira e nossa paixão compartilhada pelo trabalho de Gentzen. Em Santa Maria, o Colóquio Conesul reuniu muitos novos e velhos conhecidos, incluindo Jairo José da Silva, Oscar Esquisabel, Javier Legris, José Seoane. Frank Sautter, Dirk Greimann, Wagner Campos Sanz e Paulo Veloso. Paulo deu uma palestra intitulada "Alegrias e tristezas da visualização", que, além de seu interesse intrínseco, tem o mais belo título de palestra que eu já vi. Seguindo para Campinas, Marcelo Coniglio fez com que me sentisse muito bem-recebido, e, além da conversa erudita, ele e Marco Ruffino me fizeram descobrir a verdadeira 'roda de choro'. O choro também desempenhou um papel em São Paulo, onde João Vergílio Cuter me introduziu, entre conversas sobre o Wittgenstein intermediário, a uma deliciosa feijoada e à incrível música de Jacob do Bandolim ("Noites Cariocas" e "Doce de Coco"). Guido Imaguire foi um anfitrião muito generoso em Fortaleza e tocou um maravilhoso dueto de samba com Maria Aparecida de Paiva Montenegro em um almoço memorável (com uma cachaça não menos memorável) oferecido por Tarcísio Pequeno. Finalmente, João Carlos Salles não somente compartilhou seu interesse em Neurath e Wittgenstein comigo, mas também me introduziu à rica cultura de Salvador (Bahia), incluindo deliciosas moquecas e algumas expressões em português que todos no Brasil me dizem que são usadas somente por ele ("a pedido de diversas famílias"!).

Um último agradecimento também a Sérgio Schultz (Universidade Estadual Vale do Acaraú), pela tradução, e a Abel, pela revisão do texto. Traduzir é um trabalho árduo (tive minha cota de traduções no passado) e sou, por esta razão, muito grato. A excelente tradução é fiel ao original, mas adiciona a ele os sabores desta bela lingual. Minha visita em 2008 foi, espero, somente o prelúdio de uma longa e frutífera interação com todos os meus colegas brasileiros. A todos eles posso dizer somente "Obrigado!"

Berkeley, 8 de março de 2012.

Créditos e agradecimentos

Os capítulos contidos neste livro foram publicados previamente em vários outros lugares. Os detalhes bibliográficos são fornecidos abaixo, em ordem de publicação. Gostaria de agradecer a Oxford University Press e os editores da Stanford Encyclopedia of Philosophy por permitirem a publicação da tradução portuguesa dos ensaios relevantes e a College Publications (London) por autorizar a republicação do artigo original em português. Também sou grato a Jan Tarski por nos ter dado permissão para publicar uma tradução para o português da conferência "On the completeness and categoricity of deductive systems", de Alfred Tarski.

"Mathematical Explanation: Why it Matters", em P. Mancosu, ed., *The Philosophy of Mathematical Practice*, Oxford University Press, 2008, pp. 134–149. (Com permissão da Oxford University Press)

"Quine and Tarski on Nominalism", *Oxford Studies in Metaphysics*, vol. IV, 2008, pp. 22–55. (Tradução italiana em R. Pettoello and P. Valore, Willard van Orman Quine, Milan, Franco Angeli, 2009, pp. 31–61.) (Com permissão da Oxford University Press)

"Neurath, Tarski and Kokoszyńska on the semantic conception of truth", em D. Patterson, ed., *New Essays on Tarski and Philosophy*, Oxford University Press, 2008, pp. 192–224. (Reimpresso em J. C. Salles, ed., Empirismo e Gramática, Quarteto Editora, Salvador (Brazil), 2010, pp. 153–206.) (Com permissão da Oxford University Press)

"Mathematical Style", *The Stanford Encyclopedia of Philosophy* (Spring 2010 Edition), Edward N. Zalta (ed.), URL = `http://plato.stanford.edu/archives/spr2010/entries/mathematical-style/`.

"Tarski on Categoricity and Completeness: An unpublished lecture from 1940" (e Appendix: "On the Completeness and Categoricity of Deductive Systems" (1940) by Alfred Tarski), em *The Adventure of Reason. Interplay between mathematical logic and philosophy of mathematics: 1900–1940*, Oxford University Press, 2010, pp. 469–484 (Appendix: pp. 485–492). (Com permissão da Oxford University Press e de Jan Tarski)

"O visível e o invisível: reflexões sobre a representação matemática", in A. Lassalle Casanave and F. Sautter, eds., *Visualização nas Ciências Formais*, College Publications, London, 2012, pp. 1–32.

Parte I

História e Filosofia da Lógica e Matemática nas Primeiras Quatro Décadas do Século XX

Quine e Tarski sobre o Nominalismo

Gostaria de traçar, neste artigo, a trajetória de dois importantes nominalistas na filosofia analítica do século XX: Quine e Tarski. Cada um deles teve sua própria trajetória no nominalismo, mas seus caminhos se cruzaram em dois pontos importantes: o ano acadêmico de 1940–41, quando ambos estavam em Harvard (como também estava Carnap), e em 1953, no simpósio em Amersfoort, organizado por Beth, *Platonismo e Nominalismo na Lógica Contemporânea*. Estes dois pontos de interseção serão importantes na exposição, mas também estarei interessado em seus desenvolvimentos individuais a respeito do tópico.

A associação entre Tarski e Quine não é arbitrária. Quine e Tarski eram espíritos filosóficos afins. Escrevendo para Marja Tarski, após a morte de Tarski, Quine escreveu:

> Além de ter sido meu mentor em lógica, Alfred e eu pensávamos do mesmo jeito. Invariavelmente, quando surgiam questões em filosofia da lógica, seja privadamente, seja em um grupo ou em uma convenção de lógica, nós nos encontrávamos em total concordância. Um caso notável foi nosso esforço conjunto contra Carnap sobre juízos analíticos e sintéticos, quando estávamos todos juntos em Harvard em 1941 (Quine to Marja Tarski, January 7, 1984; Quine archive, MS Storage 299, Box 8; Com permissão da biblioteca Houghton, Harvard University [daqui por diante abreviado como BPHLHU]).

E ele poderia também ter mencionado seu comprometimento com o nominalismo como outro exemplo de afinidade intelectual.

Contudo, existem também importantes diferenças. Enquanto no caso de Quine temos extensa evidência de suas simpatias nominalistas em sua produção escrita, Tarski nunca publicou sobre nominalismo e tudo sobre seu nominalismo precisa ser reunido a partir de fontes de arquivo.

A situação dos arquivos difere drasticamente com respeito a Quine e Tarski. Tarski chegou aos Estados Unidos em 1939. A invasão nazista da Polônia resultou na perda de seus pertences em Varsóvia e, desta forma, as notas tomadas por Carnap sobre os encontros de 1940–41 represen[1] tam a primeira fonte útil sobre o nominalismo tarskiano. Os arquivos de Tarski na biblioteca Bancroft, em Berkeley, contêm muito pouco do período pré-guerra. Uma vez que Tarski não deixou um único artigo ou conferência discutindo suas tendências nominalistas, a reconstrução de seu pensamento sobre o assunto precisa ser levada a cabo com a ajuda de outras fontes, além da biblioteca Bancroft. Em contraste, os arquivos de Quine na biblioteca Houghton, em Harvard, contêm um rico reporte dos engajamentos intelectuais quineanos com o nominalismo datando já de 1935. O arquivo ainda se encontra não catalogado e, portanto, não é acessível em sua totalidade. Não obstante, as partes que consegui consultar são suficientes, creio, para fornecer um rico quadro das reflexões de Quine sobre nominalismo de 1935 até seu eventual abandono após o artigo escrito em conjunto com Goodman em 1947. O arquivo também contém sua apresentação no simpósio de Amersfoort, organizado por Beth em 1953 (Quine, 1953a).

A seção 1 descreve o engajamento de Quine com o nomi-nalismo até 1940. Então, na seção 2, resumirei o impacto das discussões de 1940–41 sobre nominalismo entre Carnap, Quine e Tarski, e mencionarei sua influência sobre Goodman. A seção 3 será sobre a lealdade de Quine ao nominalismo e sua subse-quente aceitação relutante do platonismo. A última seção, por fim, focará no simpósio de Amersfoort, e explorará os reportes de Beth do encontro para extrair alguma informação sobre a defesa tarskiana do nominalismo naquela ocasião. Essa história é muito longa para ser recontada aqui e, assim, minha estratégia será en-fatizar pontos que vão além do que já é conhecido na literatura.

---

[1]Estas notas encontram-se publicadas em sua totalidade em G. Frost-Arnold, 2013.

1.1. Quine sobre o Nominalismo: 1932–1940

Em sua autobiografia, Quine afirma: "já em 1932 e 1933, em Viena e Praga, (...) eu senti um descontentamento nominalista com classes" (1988a:14). Se isto é correto, o descontentamento de Quine antecede o encontro com Lesniewski. Suas primeiras correspondências com Lesniewski (1934) não contêm nenhuma discussão sobre nominalismo, e as primeiras reflexões de Quine registradas sobre o nominalismo não parecem ser diretamente influenciadas por ele. Além disso, Quine, em sua autobiografia, assinala que, em Varsóvia, em 1933, estava tentando convencer Lesniewski de que quantificar sobre categorias semânticas implicava comprometimentos ontológicos (1988a:13; veja também p. 26). Isso levanta a questão sobre as fontes do descontentamento nominalista de Quine. Poderíamos pensar que as investigações mereológicas de Whitehead e a tese de Leonard sobre o cálculo de indivíduos poderiam talvez ter fornecido as bases para tal descontentamento. Porém, como Marcus Rossberg me assinalou, o trabalho de Leonard não foi desenvolvido com objetivos nominalistas em mente, e penso que o mesmo pode ser dito acerca da mereologia de Whitehead. De qualquer forma, os textos aos quais tive acesso não parecem refletir influências de Lesniewski, Leonard ou Whitehead. Creio que Quine toma o ponto de partida mais mundano do debate clássico nos fundamentos da matemática (a "teoria sem classes" (no class theory) de Russell, o predicativismo de Poincaré e Weyl, etc.).

A primeira fonte escrita das reflexões nominalistas quineanas que fui capaz de localizar é uma entrada de três páginas no livro de notas com cerca de 300 páginas intitulado *Logic Notes. Mostly 1934–1938*. (Este livro de notas—Quine (1934)—é mencionado na autobiografia de Quine, 1988a:44). Na página 134 encontramos uma entrada intitulada "Philosophical Background of the conceptual calculus", datada de 1935. O problema discutido é a denotação das expressões (sentenças e nomes) do cálculo de conceitos. Primeiro Quine apresenta uma interpretação de tal denotação e então a contrasta com uma interpretação nominalista. Enquanto "nomes são frequentemente concebidos como denotando alguma forma de entidade subsistente—classes e relações; (...) sentenças não são comumente vistas como denotando". Quine prossegue sugerindo que, por razões de unificação, é conveniente considerar sentenças como denotando valores de verdade, i.e., verdade e falsidade. Entretanto, não devemos acreditar que classes, relações e valores de verdade são entidades reais:

> Porém, todos esses elementos são entidades obviamente hipostasiadas e gratuitas—bem como as relações, classes, e valores de verdade. O modo correto de abordar o cálculo é vê-lo isoladamente, como um cálculo cujas expressões figuram como nomes e sentenças, sem buscar por elementos. Toda a tradicional referência abstrato-algébrica a elementos, por exemplo, a discussão da multiplicidade dos elementos, é redutível à discussão sobre o comportamento das próprias expressões (1934:135, BPHLHU).

Quine segue discutindo outro modo no qual nomes podem denotar. Desta vez, a discussão é sobre nomes gerais, tais como 'gato'. De acordo com Quine, 'gato' denota não a classe de todos os gatos, mas sim cada gato, assim como 'Sócrates' denota Sócrates e não a classe contendo Sócrates. De modo similar, nomes relacionais denotam sequências de indivíduos.

> No sentido presente de denotação, as expressões do cálculo conceitual não denotam nada além de indivíduos e sequências de indivíduos; nenhuma entidade do tipo que poderíamos dizer que eles denotariam no sentido prévio de denotação. Isto é o que é descrito em termos comuns como o confinamento dos elementos do cálculo e conceitos de primeiro tipo. Agora, a construção de conceitos de tipo superior a partir desta base remonta a mostrar que objetos de tipo superior a indivíduos nunca precisam ter sua existência assumida, ela é, portanto, nada mais, nada menos, do que uma validação lógica do nominalismo, uma solução para o problema dos universais. A ontologia sobre a qual o cálculo conceitual pode ser visto como se baseando em última instância abrange indivíduos concretos; ou melhor, simplesmente objetos concretos, que é tudo que eu vislumbro como um indivíduo. Se preferir, podemos falar de entidades reais. Estes podem ser partes espaciais ou temporais uns dos outros, e vários deles podem ser descontínuos no espaço ou no tempo; que sejam puras bolas de substância não é essencial, aglomerados são elegíveis também. No entanto, eles não são existentes concretos (1934:135–136, BPHLHU).

Tendo mostrado como fornecer uma interpretação nominalista do cálculo de conceitos (predicados se referem a objetos singulares, relativos a "muitos objetos de uma vez de forma serial", e sentenças não se referindo a nada), Quine observa que, por simplicidade, poderíamos introduzir a noção ficcional de sequencia de objetos concretos e conceber relações como se referindo a tais sequências, e predicados como se referindo a sequências de comprimento um (i.e., os próprios objetos). Finalmente, sentenças verdadeiras podem ser vistas como se referindo a uma sequência de comprimento zero.

A interpretação acima do cálculo de conceitos já contém muitos dos elementos das concepções posteriores de Quine sobre o nominalismo. Os universais são identificados com objetos de tipo superior à maneira clássica e a solução nominalista do problema dos universais consiste em mostrar que não é necessário assumir nada além de objetos concretos e suas 'somas'. A inspiração mereológica da passagem acima é evidente, mas não é claro se alguma das mereologias mencionadas anteriormente— Lesniewski, Whitehead e Leonard—poderia ter desempenhado algum papel aqui. A passagem mencionada também explica como a denotação pode ser interpretada quando não se hipostasia que nomes comuns denotam classes (ou relações). Este é um tema que reaparece com frequência nas sucessivas conferências sobre nominalismo. Consideremos, por exemplo, a primeira conferência dada sobre nominalismo e para a qual voltamos nossa atenção agora. A conferência é intitulada "Nominalism" e foi apresentada no *Philosophy Club*, em Harvard, em 25 de outubro de 1937 (Quine, 1937a).

Esta conferência, como outras posteriores sobre o nominalismo dadas por Quine, começa com a oposição entre realistas, que afirmam a realidade dos universais, e nominalistas, que negam sua realidade. Universais, aqui, são "pensados como abrangendo propriedades, atributos, qualidades, classes, relações" (1937a:1). Através de uma série de rápidas deduções, Quine defende que qualidades não devem ser distinguidas de propriedades e o mesmo também valeria para atributos. Além disso, não há necessidade de distinguir entre propriedades e classes: "pois qualquer propriedade pode ser construída como a classe de todos os objetos que possuem aquela propriedade e, conversamente, qualquer classe pode ser construída como a propriedade de pertencer àquela classe". Finalmente, uma vez que relações podem ser reduzidas a classes (usando um truque devido a Wiener), o problema do nominalismo pode ser abordado simplesmente discutindo classes.

> Assim, nós podemos pensar os universais, de agora em diante, simplesmente como classes. Agora, a tese nominalista é que não existe coisa tal como uma classe. Nenhum objeto abstrato correspondendo a palavras abstratas (1937a:3, BPHLHU).

Seria um erro, entretanto, pensar que Quine está limpando o terreno para uma defesa do nominalismo; ao contrário, ele alega que estará concernido em objetá-lo.

Quine quer exprimir "o *sentimento* do nominalista" contando "uma história fictícia do conceito de classe". Começamos com objetos concretos e nomes para denotá-los:

> Suponha que tenhamos estabelecido quais coisas devem ser vistas como objetos concretos. *Estes são todos os que existem.* Os homens usam palavras e frases para *denotar* objetos concretos. Um nome (substantivo ou adjetivo, palavra ou frase) pode denotar muitos objetos concretos: h-o-m-e-m denota Jones, também denota Smith etc., denota cada homem (1937a:3, BPHLHU).

Nomes próprios denotam somente um objeto e esta é uma característica muito conveniente, pois "manipulá-los é quase como manipular suas denotações" (1937a:4). É essa característica dos nomes próprios que nos leva inconscientemente—segue a história—"a forçar todos os nomes a se encaixarem no padrão dos nomes próprios". Isto é feito postulando, para cada nome comum, uma única entidade, i.e., inventando a classe dos gatos ou a propriedade felino para servir como a denotação de g-a-t-o. Os homens, então, passam a acreditar na classe (ou na propriedade) tanto quanto nos gatos concretos e, assim:

> Estas criações provaram-se monstros de Frankenstein—tomando em suas mãos seu subsequente desenvolvimento (1937a:6, BPHLHU).

De fato, tendo postulado a classe dos gatos e chegado a acreditar nela, podemos agora permitir que um novo nome, tal como

> [E]-s-p-é-c-i-e denota esta, aquela e aquela outra *classe*. Então, bem como a *proprieficação* [propriefication] de g-a-t-o cria a classe

de objetos como um novo suposto objeto, a *proprieficação* c-l-u-b-e ou e-s-p-é-c-i-e cria uma nova classe de classes de objetos como um novo objeto (1937a:6, BPHLHU).

Quine assinala que esta passagem é decisiva. Com respeito aos nomes de primeiro nível, como g-a-t-o, podemos tratar a noção de classe como uma mera maneira de falar, mas "uma vez que classes de classes entram em cena, não podemos eliminar a referência a classes através de qualquer reformulação óbvia de nossos enunciados" (1937a:8). Enquanto nomes de primeiro nível sempre podem ser lidos como envolvendo predicação distributiva ("homens são mortais" pode ser parafraseado como "cada homem é mortal"), com nomes de segundo nível temos predicação coletiva ("homem é uma espécie" não pode ser parafraseado com quantificação distributiva sobre os homens individuais) e, assim, "envolvem uma referência aparentemente irredutível à classe de todos os homens":

> E tais nomes de segundo nível ou de nível superior ocorrem constantemente no discurso; em particular, todas as palavras numéricas são, no mínimo, do segundo nível; e o próprio nome n-ú-m-e-r-o é, no mínimo, de terceiro nível (1937a:8, BPHLHU).

Portanto, parece que o nominalista tem um problema em mãos, pois não pode rejeitar estes novos objetos sem abandonar o discurso comum.

Em uma tentativa de prosseguir com a linha nominalista, Quine argumenta que o nominalista talvez possa encontrar um modo de identificar tais objetos com objetos concretos. Se isto pode ser feito, a relação de pertinência se mostraria como sendo uma relação entre um objeto concreto e outro objeto concreto. E classes de objetos concretos poderiam agora ser identificadas com outros objetos concretos, desta forma, classes de classes também poderiam ser identificadas com objetos concretos, e assim por diante. A estratégia natural a ser seguida é usar o próprio nome como o objeto concreto designado para a classe, e então *"pertencer a* coincidiria com *denotado por"*. Uma vez que existem muitos nomes que denotam a mesma classe de objetos, Quine prossegue sugerindo que, para tornar a classe única, escolhemos um nome específico (os nomes mais curtos do tipo e, entre os mais curtos, o primeiro na ordem lexicográfica). Dessa forma, obtemos agora a doutrina de que universais são 'meros nomes'. Contudo, surgem duas dificuldades contra esta sugestão. A primeira é relacionada ao paradoxo de Grelling. Um nome é dito *heterológico* se ele não denota a si mesmo. 'Heterológico' é, ele mesmo, heterológico ou não? Se ele é, então ele não é, e se ele não é, então ele é. O que a objeção mostra é que não há modo sistemático de associar, a cada classe de objetos concretos, um objeto concreto (usando seu nome). De fato, Quine prossegue generalizando esse ponto afirmando que não há modo de associar a cada classe de objetos concretos um objeto concreto (não necessariamente um nome). Isto é feito apelando ao teorema de Cantor, segundo o qual a cardinalidade da classe consistindo das classes de objetos concretos é estritamente maior do que a cardinalidade da classe de todos os objetos concretos. Quine observa que se desejamos enfraquecer a lógica, digamos, ao ponto da lógica intuicionista, então existem modos de efetuar tal nominalização. Não é claro, a partir do contexto, se Quine está se referindo, aqui, ao intuicionismo de Brouwer ou ao intuicionismo (mais precisamente, predicativismo) de Poincaré e Weyl. De qualquer modo, a conclusão que ele extrai se aplicaria a ambos:

> O nominalismo, então, em qualquer sentido tal como o que tem sido considerado, é incompatível com a lógica e a matemática comuns; é somente possível se estamos preparados para os sacrifícios intuicionistas (1937a:13, BPHLHU).

Nas últimas duas páginas da conferência, Quine conclui observando que Carnap, embora frequentemente considerado um nominalista, simplesmente nominaliza o problema dos universais e, assim, rejeita como sem significado a questão geral sobre quais universais existem. Deste modo, conclui Quine, Carnap tem muito pouco a dizer sobre o problema da redução de todos os enunciados a enunciados acerca de coisas concretas. Ao argumentar contra a abordagem de Carnap ao problema dos universais, Quine faz algumas observações sobre o que considera como sendo os propósitos do nominalismo:

1) Evitar questões metafísicas como aquela sobre a conexão entre o âmbito dos universais e o âmbito dos particulares;

como universais se relacionam com particulares, ou particulares com universais.

2) Prover a redução última a enunciados sobre coisas tangíveis, sobre questões de fato. Manter os pés no chão—evitando o teorizar vazio (1937a:14, BPHLHU).

Assim, enquanto Carnap realizou algo com respeito ao objetivo (1), não realizou nada com respeito ao objetivo (2). Porém, Quine conclui que "um nominalismo que alcançará seu objetivo [o objetivo (2)] deve pagar com uma boa parte da Lógica e da Matemática Clássica" (p. 14, BPHLHU). É importante assinalar que existe certa ambiguidade quanto ao que se pretende que seja a tese nominalista. Algumas vezes, a distinção abstrato/concreto parece fundamental, outras vezes é a distinção universal/ particular. Estas distinções obviamente não são as mesmas. (veja Cohnitz e Rossberg, 2006).

Deste modo, em 25 de outubro de 1937, Quine parece receoso de esposar uma filosofia nominalista da lógica e da matemática. O argumento não se fundamenta na ciência natural, mas sim nos sacrifícios à Lógica e à Matemática Clássica que o programa nominalista demandaria. Em 5 de maio de 1938, encontramos Quine repensando toda a questão ao refletir sobre o fato de que o teorema de Cantor falha no seu *New Foundations of Mathematical Logic*. E, uma vez que foi o apelo ao teorema de Cantor que parecia bloquear a possibilidade de uma reconstrução nominalista da Lógica e da Matemática Clássica, isto leva Quine a reconsiderar o problema do nominalismo:

Em vista da posição ambígua assumida pelo teorema de Cantor à luz de minha liberalização da teoria dos tipos (veja "On Cantor's Theorem", *Journal of Symbolic Logic*, 1937), estamos talvez justificados a reabrir a questão da identificabilidade nominalista de classes com termos (expressões). De um ponto de vista clássico, este curso se encontra bloqueado pelo fato de que expressões podem ser correlacionadas com números naturais (lexicograficamente), enquanto classes não podem. Não obstante, talvez a suposta classe que seria citada como violando qualquer dada correlação de termos e classes seja realmente uma classe espúria; talvez o termo que pretenda expressá-la seja não estratificado (veja "On the theory of types", *Journal of Symbolic Logic*, 1938) (1934:209, BPHLHU).

O restante da concepção acerca de o que os termos denotam é
dado ao longo das linhas da conferência de 1937. Nomes próprios
denotam um único objeto; nomes comuns denotam muitos objetos. Classes são, então, identificadas com os primeiros termos
no ordenamento lexicográfico que denotam os objetos na classe.
Quine conclui:

> Assim como, sob meu procedimento anterior, todos os objetos
> eram construídos como classes, agora todos os objetos são con-
> struídos como termos; e termos do tipo da classe, i.e., termos
> que são lexicograficamente anteriores a todos os demais termos
> coextensivos (1934:211, BPHLHU).

Assim, percebemos nessas notas de 1938 um renovado interesse nas possibilidades do nominalismo.

Devemos agora mencionar dois artigos e uma conferência não
publicada de 1939. A conferência não publicada é a conferência
original escrita para o Congresso da Unidade da Ciência, em Harvard: "A Logistical Approach to the Ontological Problem". Esta
versão original (Quine, 1939a) é muito maior do que o curto artigo que havia pré-circulado em 1939 (Quine, 1939b/1966) e que
foi publicado em *The Ways to Paradox*. A primeira parte da conferência foi publicada como "Designation and Existence" (Quine,
1939c). Ainda, algumas passagens interessantes presentes na versão longa não publicada não apareceram nos dois artigos publicados. Em "Designation and Existence", Quine chega ao seu
famoso slogan "ser é ser o valor de uma variável". Com base na
análise levada a cabo no artigo, as cinco afirmações seguintes são
consideradas idênticas por Quine, exceto pelo palavreado:

(a) "existe algo como apendicite";

(b) "a palavra 'apendicite' designa";

(c) "a palavra 'apendicite' é um nome";

(d) "a palavra 'apendicite' é um substituendo para uma variável";

(e) "a doença apendicite é um valor de uma variável".

Para o nominalista, afirma Quine, 'apendicite' "é significante e útil em contexto; ainda, o nominalista pode sustentar que a palavra não é um *nome* de uma *entidade* em seu próprio direito". A diferença entre uma linguagem nominalista e uma realista consiste em se palavras abstratas como "apendicite" podem ser substituídas por variáveis:

> Palavras do tipo abstrato ou geral, por exemplo, "apendicite" ou "cavalo", podem aparecer tanto em linguagens nominalistas quanto em realistas; mas a diferença é que nas linguagens realistas tais palavras são substituendos para variáveis (...) enquanto nas linguagens nominalistas este não é o caso (1939a:20; 1939c:708, BPHLHU).

O nominalismo, então, é caracterizado como segue:

> Como uma tese na filosofia da ciência, o nominalismo pode ser formulado assim: é possível formular uma linguagem nominalista na qual toda a ciência natural pode ser expressa. O nominalista, assim entendido, afirma que uma linguagem adequada para todos os propósitos científicos pode ser construída de tal modo que suas variáveis admitam somente entidades concretas, indivíduos, como valores—e, portanto, somente nomes próprios de objetos concretos como substituendos. Termos abstratos reterão seu status de expressões sincategoremáticas, não designando nada, na medida em que nenhuma variável correspondente é usada (1939a:21; 1939c:708, BPHLHU).

Agora, vários tipos de definições contextuais permitirão a introdução de entidades fictícias. O nominalista poderia até mesmo falar como se tais entidades existissem, mas, ao fazê-lo, ele não renunciará ao seu nominalismo, pois a quantificação sobre tais entidades pode ser mostrada como sendo dispensável. Entretanto, deve-se mostrar que as definições contextuais são elimináveis.[2]

Uma importante clarificação, que é de certo modo ofuscada na curta versão publicada, diz respeito às fronteiras entre o concreto e o abstrato. É aqui onde a versão não publicada da conferência fornece algo adicional com relação à versão publicada de 1939:

---

[2]A teoria das classes virtuais oferecida primeiro em Quine (1944) também era um instrumento que o nominalista poderia explorar. Sobre o importe filosófico desta teoria, veja Martin, 1964.

O ponto essencial na controvérsia entre nominalismo e realismo pode ser feito independentemente de qualquer concepção sobre a fronteira entre o concreto e o abstrato. Todos os modos de especificar o âmbito dos objetos concretos ou individuais compartilharão, eu sugiro, esta característica comum: a totalidade dos indivíduos será um *I[Ein]-Ding* antes que uma *II[Zwei]-Ding*, na terminologia de Von Neumann. Ela será *imanente*, e não *transcendente*, na terminologia de meu resumo. Em outras palavras, a totalidade de indivíduos será pequena o suficiente para ter um número cardinal, talvez um número cardinal infinito, mas ainda assim um número cardinal. O nominalismo, então, torna-se a doutrina de que toda a ciência pode ser expressa em uma linguagem na qual o domínio total de suas variáveis é imanente, e não transcendente. O nominalista ainda não forneceu tal linguagem nem mostrou que ela é adequada para a ciência, mas ele pensa que pode fazer isto (1939a:24–25, BPHLHU).

O quadro descrito na passagem acima reaparecerá nas conferências de Quine e Tarski no simpósio de Amersfoort. Além de declarar que posições alternativas quanto às fronteiras entre o concreto e o abstrato são possíveis, o ponto de vista de Quine é extremamente liberal sobre quantos objetos poderiam estar à disposição do nominalista. Ele parece preocupado em excluir a possibilidade de considerar classes próprias de objetos concretos. Isso causa uma tensão com uma das teses que Quine defenderá pelo menos até 1947, i.e., que os objetos concretos são finitos. Essa é também a primeira vez que ele levanta a questão da adequação do nominalismo para as ciências naturais. Poderia não parecer como se Quine estivesse se comprometendo com a posição nominalista, mas creio que essa conferência marca a estreia do otimista envolvimento de Quine com o nominalismo. No dia anterior à apresentação de sua conferência, ele comentou sobre um artigo de Tarski, e concluiu suas observações afirmando:

[Amanhã: meu artigo] Forte argumento pelo nominalismo. Provavelmente não pode ter a Matemática Clássica. Porém, possui matemática suficiente para a Física? Se isto puder ser estabelecido, então temos uma boa razão para considerar o problema resolvido (Sept. 8, 1939, Occasional lectures, 1939, MS Storage 299, vol. 11; Quine Archive, Houghton Library, BPHLHU).

Neste ponto a ciência se torna o ponto de referência para o possível sucesso do nominalismo. A Matemática Clássica dificilmente pode ser recuperada nominalisticamente, mas se recuperamos o suficiente de matemática para poder fazer ciência, então a reconstrução nominalista da ciência pode ser considerada bem-sucedida. A versão curta do artigo (Quine, 1939b;1966) fornece uma similar, mas completamente descompromissada, análise. Após levantar a questão na forma "o quão econômica pode ser a ontologia que conseguiremos obter e que ainda possua uma linguagem adequada para os propósitos da ciência?", Quine conclui o ensaio publicado como se segue:

> Se, o que é provável, revela-se que sob tais construções [nominalistas] certos fragmentos da Matemática Clássica devem ser sacrificados, ao nominalista ainda resta um recurso: ele pode tentar mostrar que aqueles fragmentos recalcitrantes não são essenciais para a ciência (1939b; 1966:69).

Com essa conferência, o tópico do nominalismo passa do domínio da semântica de termos abstratos para assuntos mais diretamente relacionados ao problema de se uma linguagem nominalista para a ciência pode ser construída de modo bem-sucedido. Este tópico é central nas discussões sobre nominalismo que Quine, Carnap e Tarski tiveram enquanto estavam juntos em Harvard, em 1940–41.

1.2. Harvard 1940–1941

Em um artigo anterior (Mancosu, 2005), descrevi o contexto e o conteúdo das conversações de Harvard, explorando notas tomadas por Carnap durante as discussões. Muitos tópicos foram abordados, mas dois se destacam: a crítica da distinção analítico/sintético, na qual Tarski e Quine estavam unidos em oposição a Carnap, e o projeto para uma construção nominalista/finitista da matemática e da ciência. Em 1942, Quine escreveu para Woodger resumindo os principais tópicos da discussão:

> No ano passado, a lógica prosperou. Carnap, Tarski e eu tivemos muitos vigorosos encontros juntos, durante o primeiro semestre, também com a participação de Russell. Na maioria deles, tratava-se de Tarski e eu contra Carnap, com estes resultados: (a) a divisão fundamental de C[arnap] entre o analítico e o sintético é uma frase vazia (cf. meu "Truth by convention") e, (b) consequentemente,

os conceitos da Lógica e da Matemática são merecedores de uma
crítica empirista ou positivista tanto quanto o são os conceitos da
física. Em particular, não podemos admitir variáveis de predicado
(ou variáveis de classe) como primitivos sem com isto nos compro-
metermos, para bem ou para mal, no que diz respeito à "realidade
dos universais"; sem isso, a desaprovação de C. do "Platonismo"
é uma frase vazia (cf. meu "Description and Existence"). Outros pontos pelos quais criticamos Carnap foram (c) sua tentativa
de fazer uma semântica geral, no lugar de se aferrar a uma forma
canônica conveniente para a linguagem objeto e, com isso, estudar
a semântica mais simples e brevemente e, ainda assim, em mais
detalhes; (d) sua ressurreição das funções intensionais. C. argumentou bem e de forma razoável, como sempre, e as discussões
foram muito divertidas (Quine to Woodger, May 2, 1942, Woodger
papers, University College London, Special Collection, GB 0103
WOODGER).

Fornecerei, aqui, somente um breve panorama do segundo
tópico discutido nos encontros, e me remeto a Mancosu (2005) e
Frost-Arnold (2008 e 2013) para mais detalhes e referências adicionais.

O tópico da eliminação de objetos não-coisificáveis é discutido na conferência "Logic, Mathematics and Science" lida por
Quine em Harvard, em 20 de dezembro de 1940 (Quine, 1940).
Discutindo sobre a contraposição de objetos concretos (tais como
elétrons, átomos, bactérias, mesas, cadeiras, qualidades sensíveis)
a universais (objetos não-coisificáveis tais como centímetros, dis-
tâncias, temperaturas, cargas elétricas, energia, linhas, pontos,
classes—ou propriedades), Quine afirma:

> Não insisto na eliminação de classes ou outros objetos não coisi-
> ficáveis. Não é claro que o não coisificável possa ser eliminado
> sem perdas para a ciência (1940:6, BPHLHU).

As conversas entre Quine, Carnap e Tarski em 1941 tinham
exatamente o propósito de ver até onde se poderia seguir com o
programa de eliminação do não coisificável sem sacrificar a ciência. Isto se estruturava em dois estágios. O primeiro consistia
em identificar um sistema nominalista de matemática, o segundo
estágio era fornecer uma reconstrução da ciência naquelas bases.
A discussão referente à primeira parte toma seu ponto de partida na proposta de Tarski sobre o que deveria ser considerada

uma linguagem nominalista. Por exemplo, em 10 de janeiro de 1941, Tarski descreve da seguinte forma seus comprometimentos nominalistas:

> Entendo, basicamente, somente linguagens que satisfazem as seguintes condições:
>
> 1. Número finito de indivíduos;
>
> 2. Realística [reistico?, PM] (Kotarbinski): os indivíduos são coisas físicas;
>
> 3. Nãoplatônica: existem somente variáveis para indivíduos (coisas), não para universais (classes e assim por diante).
>
> Outras linguagens, eu "entendo" somente da maneira em que "entendo" a matemática [Clássica], a saber, como um cálculo; sei o que posso inferir de outras [sentenças] (ou o que tenho inferido; "derivabilidade", em geral, já é problemático). No caso de quaisquer sentenças [*Aussagen*] superiores "platônicas" em uma discussão, sempre as interpreto como sentenças de que uma determinada proposição pode ser inferida (foi inferida, resp.) de outras proposições. (Ele provavelmente quer dizer o seguinte: a asserção de certa proposição é interpretada como dizendo: esta proposição vale no sistema determinado dado; e isto significa: ela é derivável de certas suposições básicas) (RC 090-16-28).

O requerimento de um número finito de indivíduos foi enfraquecido posteriormente por Tarski, deixando aberta a possibilidade de que os indivíduos pudessem ser infinitos. Este foi um passo na direção de distinguir o finitismo expresso na condição 1 dos requerimentos propriamente nominalistas das condições 2 e 3. Contudo, ao longo dos anos 1940–41, a discussão da distinção nunca é feita sistematicamente. Além disso, a noção de inteligibilidade, que as condições 1, 2 e 3 devem supostamente fundamentar, nunca é discutida em detalhes, a despeito das repetidas discussões quanto a quais sistemas da matemática clássica poderiam ser propriamente inteligíveis.

Estas discussões resultaram em uma tensão entre Tarski e Quine, de um lado, e Carnap, de outro. Carnap, de fato, era relutante em fundamentar a aritmética em questões de fato (tais como a cardinalidade dos objetos concretos existentes), enquanto Tarski e Quine compartilhavam um forte comprometimento com o finitismo ou, ao menos, com o nãoinfinitismo. Além disso,

Carnap era simpático aos usos das modalidades (sequências possíveis etc.), enquanto Quine e Tarski rejeitavam qualquer apelo à modalidade como uma petição de princípio.

O nominalismo era certamente importante para Tarski. Em uma carta para Woodger, escrita em 1948, ele escreveu:

> O problema de construir uma lógica e matemática nominalistas tem me interessado intensamente por muitos e muitos anos. A matemática—ao menos a assim chamada Matemática Clássica— é, no presente, um instrumento indispensável para pesquisa na ciência empírica. O principal problema para mim é se este instrumento pode ser interpretado ou construído nominalisticamente, ou substituído por outro instrumento nominalista que deveria ser adequado para os mesmos propósitos (Tarski to Woodger, November 21, 1948, Woodger Papers, University College London, Special Collection, GB 0103 WOODGER).

As transcrições de Carnap dos encontros de 1940–41 são a melhor fonte para nos dar uma visão mais detalhada da posição de Tarski sobre o nominalismo. Vários princípios nominalistas aparecem já no reporte das discussões sobre a natureza de linguagens tipadas em contraposição às não tipadas. Considere-se a seguinte conversação:

> Eu [Carnap]: Devemos construir a linguagem da ciência com ou sem tipos?
>
> Ele [Tarski]: Talvez surja algo mais. Nós esperaríamos, e talvez conjecturássemos, que a inteira teoria geral de conjuntos, apesar de bela, fosse desaparecer no futuro. O platonismo começa com os tipos superiores. São saudáveis as tendências de Chwistek e de outros ("Nominalismo") de falar somente do que pode ser nomeado. O problema é apenas o de encontrar uma boa implementação (RC 090-16-09).

Tarski retorna à mesma afirmação sobre o compromisso platonista envolvido nas quantificações de ordem superior muitas vezes durante os encontros de 1940-41. Por exemplo:

> Tarski: um platonismo subjaz o cálculo funcional superior (assim, o uso de uma variável de predicado, especialmente de tipo superior) (RC 102-63-09).

Uma vez que não posso resumir aqui as oitenta páginas de notas tomadas por Carnap destas discussões, seja-me permitido simplesmente afirmar qual foi o desfecho. O ponto de partida era tentar encontrar uma parte da matemática clássica que poderia ser tornada inteligível de acordo com o critério finitista/nominalista enunciado por Tarski. Existiam discordâncias quanto a quais fragmentos da matemática clássica poderiam ser considerados inteligíveis e um acordo somente foi obtido com respeito a um sistema de aritmética elementar livre de quantificação (formulada com relações em oposição a funções, para evitar o compromisso com infinitamente muitas entidades). Buscou-se, então, uma interpretação para o sistema através do ordenamento de indivíduos concretos no mundo. Uma vez que os indivíduos no mundo poderiam ser finitos, seguiram-se uma série de complicações. Porém, a discussão se voltou para a delineação de um núcleo de linguagem que satisfaria os requerimentos nominalistas e fosse forte o suficiente para formular a *metateoria* necessária para a matemática requerida na ciência. A ideia era que pelo menos uma parte da matemática platônica pudesse se tornar (parcialmente) inteligível através de uma metateoria nominalista. Em um dos últimos encontros, Carnap resumiu o desfecho das discussões. Em 18 de junho de 1941, temos o último encontro sobre o núcleo da linguagem. Estavam presentes Carnap, Tarski, Quine, Goodman e Hempel. Carnap, em suas notas, fornece uma avaliação final de onde as discussões se encontram:

> Resumo do que tem sido discutido até o momento. O núcleo da linguagem deve servir como linguagem sintática para a construção da linguagem universal da ciência (incluindo a matemática clássica, a física etc.). A linguagem da ciência recebe uma interpretação parcial através do fato de que se assume que o núcleo da linguagem é entendido (...)
>
> Concernente à parte lógico-aritmética do núcleo da linguagem. Quantificadores irrestritos (...) Nenhuma objeção do [ponto de vista] finitista, desde que os valores das variáveis sejam coisas físicas. Permanece indecidido se seu número é finito ou infinito. Como números, tomamos as próprias coisas para as quais pressupomos um ordenamento com base na relação de sucessor (...)
>
> A parte descritiva; não conseguimos entrar em acordo se é melhor começar com predicados de coisas ou com predicados de dados sensíveis. Eu [Carnap], e provavelmente Tarski, favoreci a primeira solução. Hempel se soma a Popper. Pela segunda solução: Goodman e Quine. Finalmente: a linguagem deve ser

tão inteligível quanto possível. Não é claro, entretanto, o que queremos dizer com isso. Deveríamos, talvez, perguntar às crianças (psicologicamente) o que elas aprendem primeiro ou mais facilmente? (RC 090-16-05)

Nesse ponto, muitas questões requereriam elaboração, tais como a importância da "inteligibilidade" nestas discussões, a confusão sistemática entre nominalismo e finitismo e outros tópicos. Estes são tratados em detalhes em Mancosu (2005) e Frost-Arnold (2013). Também a questão da finitude do mundo separava Quine de Carnap e Tarski; finalmente, que tipo de entidades poderiam verdadeiramente ser concebidas como concretas? Retornarei a algumas destas questões posteriormente. Agora retornamos a Quine e não ouviremos mais sobre o nominalismo de Tarski até a descrição do encontro de Amersfoort.

1.3. Cautela, Compromisso e Abandono (Quine, 1941–1948)

1.3.1. Cautela

Os encontros de 1940–41 estimularam Goodman e Quine a perseguir um programa nominalista. Goodman ficou a cargo de escrever um reporte das discussões que tomaram lugar em 1941, em Harvard (e que ele havia testemunhado em primeira pessoa), embora achasse difícil dizer o que realmente havia sido alcançado:

> A outra confissão é que não avancei muito mais sobre o esboço das conversações do último semestre envolvendo nós quatro. Tua carta confirmou minha suspeita de que tudo o que alcançamos foi, de certo modo, um simples esqueleto de um programa, e me ocorreram tantas dificuldades e questões que perdi o interesse em tentar escrever alguma coisa até que exista algo mais sólido para ser reportado. Espero que tu e eu sejamos capazes de trabalhar juntos para ajustar e realizar o programa, como havíamos começado a fazer. Talvez neste semestre, com o fim de todos os encontros com Carnap e Tarski, tu terás tempo para isso novamente (Goodman to Quine, September 12, 1941; MS Storage 299, Box 4, folder Goodman, BPHLHU).

Esse 'programa' resultou, eventualmente, no artigo Goodman-Quine, 1947. Contudo, a posição de Quine sobre o nominalismo, mesmo um ano antes do artigo Goodman-Quine, era de cautela. Temos uma conferência de 11 de março de 1946, que, na minha opinião, é o enunciado mais claro da concepção quineana de nominalismo. A conferência (que se encontra publicada em uma edição especial do *Oxford Studies in Metaphysics*)[3] apresenta o nominalismo como a tese de que existem apenas particulares, e que não existem universais. De início, Quine diz que o artigo não será nem uma defesa nem uma refutação do nominalismo. Porém, ele adiciona: "colocarei minhas cartas sobre a mesa e assumirei meus preconceitos: gostaria de ser capaz de aceitar o nominalismo". Apesar da simpatia pelo nominalismo, Quine não ignora os problemas enfrentados pelo programa e, brincando com o duplo sentido de 'executar' (como dizendo respeito ao executivo ou ao executor—carrasco), ele conclui a conferência dizendo: "estou certo de que o nominalismo pode ser executado, só não sei em que sentido". Mas isto mesmo pode ser visto como algo positivo. Em comparação com a rejeição carnapiana do problema dos universais, Quine argumentou que 'nominalismo' é uma posição filosófica com significado. Muito da própria conferência trata de vários tópicos que são agora familiares. Em particular, seguindo a doutrina de que 'ser é ser o valor de uma variável', Quine relança a tese nominalista como: "o discurso adequado para o todo da ciência pode ser constituído de tal forma que nada além de particulares necessite ser admitido como valores das variáveis". Diante da objeção de que a matemática quantifica sobre objetos abstratos, Quine propôs uma saída para o nominalista:

> Agora, certamente, a Mat. Clássica é parte da ciência; e tenho dito que universais devem ser admitidos como valores de suas var.; deste modo, se segue que a tese do nominalismo <C48>é falsa. O que o nominalista tem a dizer?

> Ele não precisa desistir ainda, não se ele ama seu nominalismo mais do que sua Mat. Ele pode fazer seu ajuste repudiando como filosoficamente incorretas aquelas partes da ciência que resistem aos seus princípios, e sua posição permanece forte na medida em

---

[3]N.T. Zimmerman, D., *Oxford Studies in Metaphysics*, vol. 4, Oxford: Oxford University Press, 2008, pp. 3–21.

que ele pode nos convencer de que estas partes rejeitadas da ciência não são nem intrinsecamente desejáveis como fins <C49>nem
necessárias como meios para outras partes que são intrinsecamente desejáveis (1946).

Se o objetivo da ciência é a eficácia em predizer a experiência, então poderíamos tentar argumentar que algumas partes da
matemática "são *dispensáveis como meios* para aquelas partes da
ciência que são efetivas na predição".

Somente enfatizarei uns poucos aspectos aqui. Enquanto é
complicado discutir se o pensamento quineano estava em meio a
mudanças, devido à tentativa de Quine de prover um argumento
viável a favor do nominalismo, a questão geral que deve ser man-
tida em mente é esta: uma vez que a ciência é tomada como
autoridade para a metafísica, exatamente quais de seus aspectos
são relevantes para a metafísica? O foco sobre aquelas partes
da ciência que são "efetivas em predição" (1946) parece estar em
contraste com passagens mencionadas anteriormente onde o foco
era em "todos os propósitos científicos" (1939) ou em "todos os
propósitos" da ciência (1939). No entanto, já em 1940 o objetivo
da ciência é caracterizado como "predição com respeito às coisas
ordinárias" (Quine, 1940:7). Concernente à relação entre ciência e ontologia, poderia também ser útil assinalar que, enquanto
Tarski concentra-se nas linguagens que podem ser entendidas,
Quine tenta focar nos objetivos e critérios científicos. Este aspecto aproxima a posição de Quine àquela de Russell. Quine
parece concordar com Russell, contra Carnap, que a filosofia requer a metafísica e que questões metafísicas são genuínas, pois
podem ser respondidas através do apelo à nossa melhor ciência.

Outra questão concerne à escolha de particulares feita por
Quine. O nominalismo, afirma Quine, pode ser construído em
duas versões: mental ou física. A primeira versão parte de entidades mentais. Neste caso, os particulares são simples exper-
iências: eventos mentais concretos específicos. A versão física
parte de eventos físicos, i.e., os particulares são objetos físicos
espaço-temporalmente extensos. Um ponto importante é a convicção quineana de que a física moderna garante a verdade da
afirmação de que o universo é finito:

De acordo com a física atual, estas coisas são feitas de quanta de energia, cada um sendo uma aproximação a um evento de caráter local. Podemos, por conveniência, conceber todo agregado de tais quanta como um objeto físico—um *particular*, no presente sentido âĂŞ, não importa o quanto suas partes possam estar espalhadas nem o quanto possam estar mescladas com quantas estranhos. <C11>Porém, trata-se de um agregado no sentido não de uma classe, mas de um aglomerado de pedras: um objeto concreto total cujos quanta constituintes e todos os seus agregados são *partes*—partes espaciais, partes realmente espaço-temporais.

Isto nos dá muitas coisas, mas, de acordo com a física atual, somente uma quantia finita delas. Eddington computou o número total de quanta em <12> toda a extensão e duração do universo: se chamarmos esse número k, então o número total de coisas no universo—o número total de particulares, na acepção que adotamos—pode ser mostrado, através de um princípio matemático familiar, como sendo 2^k (1946).

Esta é a posição que Quine defendeu também em conversas com Tarski e Carnap. Ainda mais, a primeira versão do artigo Goodman-Quine enviada para publicação—mas não publicada—continha o mesmo compromisso finitista. A razão para a mudança será descrita na próxima seção.

1.3.2. Compromisso: Goodman-Quine 1947

Este, claro, não é o lugar para expor o artigo de Goodman e Quine de 1947, que foi descrito em detalhes alhures (veja Decock, 2002; Cohnitz e Rossberg, 2006; Gosselin, 1990). Nele, Goodman e Quine fornecem uma análise nominalista dos predicados 'prova' e 'teorema', e este último foi um resultado impressionante. Gostaria de assinalar somente dois fatos relacionados a esse artigo que emergem do estudo da correspondência entre Goodman e Quine. O primeiro diz respeito ao infinito. Temos visto que, nas conferências e nos artigos anteriores, Quine, apelando para a física, havia defendido a ideia de que o mundo contém um número finito de indivíduos. Esta tese também estava presente na primeira versão do artigo Quine-Goodman. Entretanto, algumas objeções trazidas por Church levaram Quine a enviar uma revisão do artigo, enfraquecendo seu finitismo em um nãoinfinitismo. Em duas cartas sucessivas, Church havia alertado Quine para que fosse cuidadoso com suas afirmações sobre as modernas teorias cosmológicas. Em 13 de agosto de 1947, Church escreveu:

> Não estou familiarizado com todas estas últimas cosmologias dos
> físicos. De fato, nem mesmo as considero seriamente, pois me
> parece óbvio que, a partir da observação da porção visível do uni-
> verso, que *pode* ser relativamente muito pequena, o passo para
> a extrapolação acerca da natureza de todo o universo é muito
> grande para ser minimamente confiável. Não obstante, não con-
> heço nenhuma teoria cosmológica que faz o espaço-tempo finito
> em todas as quatro dimensões. Conheço teorias que assumem três
> dimensões finitas, e a quarta dimensão ou dimensão temporal é
> assumida como infinita; mas com base nestas, suas observações
> sobre finitude do número de inscrições me parece duvidosa. Ao
> menos na linguagem falada, uma inscrição ou proferimento pode
> ser estendida no tempo assim como no espaço, e isto sem falar
> nas dificuldades para determinar simultaneidade sobre longas
> distâncias (MS Storage 325, Letters with editors, Box 1, BPHLHU).

Isso foi suficiente para fazer Quine mudar de ideia. Ele escreveu para o editor do *Journal of Symbolic Logic*, Max Black, em
26 de agosto de 1947:

> Fico contente que meu artigo com Goodman tenha sido aceito.
> Agora, porém, graças à correspondência com Church, sinto-me
> desconfortável com as observações relacionadas à finitude do
> mundo físico. Sendo assim, gostaria de pedir-lhe para substi-
> tuir as páginas 2 e 3 pelas páginas 2 e 3 aqui contidas, e para colar
> a nova nota 4, aqui contida, sobre a velha nota 4 (MS Storage 325,
> Letters with editors, Box 1, BPHLHU).

A nova nota afirma:

> De acordo com a física quântica, cada objeto físico consiste de um
> número finito de quanta de ação espaço-temporalmente disper-
> sos. Para existirem infinitamente muitos objetos físicos, então, o
> mundo teria que ter ao menos uma dimensão espaço-temporal
> infinitamente extensa. Se ele a tem, é uma questão sobre a qual
> a atual especulação em física parece dividida (Goodman-Quine,
> 1947:106).

Na apresentação de Amersfoort, em 1953, Quine resume a
questão do tamanho do universo do seguinte modo:

> O nominalismo em si mesmo garante que não há infinito. Pois,
> se as únicas entidades são as concretas (em algum sentido), então

> certamente elas são finitas em número ou, no máximo, não *se pre-sume* que sejam infinitas, exceto por evidência da ciência natural. Não é tarefa do matemático nominalista declarar o tamanho do universo, suas construções devem ser compatíveis com qualquer tamanho finito, mas sem requerer finitude. Aqui, então, temos um reflexo matemático, até mesmo quantitativo, aparentemente claro da diferença entre nominalismo, conceitualismo e platonismo estrito: não infinitismo, infinitismo enumerável e infinitismo não enumerável (1953a:4, BPHLHU).

Assim, precisamos corrigir o que Decock (2002) escreve sobre o tema quando afirma que, "de acordo com Quine, o nominalista declina o uso de infinitudes. A razão é que não podemos saber se existem infinitamente muitos objetos no universo ou não. Nominalistas podem somente aceitar um universo finito de objetos" (Decock, 2002:40). Enquanto as duas primeiras sentenças são corretas, o suporte textual dado para a terceira (Quine, 1953b:129) não garante sua correção. O que o texto referido por Decock afirma explicitamente é: "o nominalista (...) não irá imputar infinitude ao seu universo de particulares a não ser que ocorra de ele ser infinito como uma questão de fato objetivo" (p. 129). Como resulta evidente das passagens que mencionei anteriormente, o nominalista deve realizar seu trabalho sem pressupor nem a finitude, nem a infinitude do mundo. Neste sentido, ele é um nãoinfinitista, pois suas construções devem ser compatíveis com a possibilidade de que o universo seja finito. Cohnitz e Rossberg (2006:84) também cometem o mesmo erro que Decock, argumentando a partir da premissa de que "uma vez que inscrições são marcas físicas, o número de variáveis será restringido pelo tamanho do universo, que é muito grande, embora seja finito, como a ciência atual nos diz". Uma discussão mais extensa seria requerida para clarificar a fala pouco precisa sobre o que caracteriza as entidades que o nominalista pode permitir: objetos concretos, particulares, indivíduos. Estas três coisas não são iguais (bem como entidades abstratas e universais não precisam ser o mesmo); mas Quine, em seus artigos e conferências, não parece distingui-las e procede como se concreto/abstrato e particular/universal fossem modos equivalentes de capturar a oposição entre nominalismo e realismo. Em especial, Goodman estava pressionando por uma versão de nominalismo na qual a noção de um partic-

ular possuía um lugar central. Isto levou a algumas discussões
sobre qual terminologia usar no artigo Goodman-Quine. Apenas
poucos meses antes da publicação, Quine escreveu para Goodman:

> Busque em seu coração sobre a palavra 'particularismo'. Estou
> com os receios renovados. Parece uma vergonha renegar uma
> nobre tradição quando estamos honestamente alinhados a ela. O
> nominalismo é negativo, e assim somos. Se nos preocupássemos,
> aqui, em enfatizar uma posição positiva a favor, por exemplo, de
> objetos físicos contra fenômenos, ou vice-versa, então, com efeito,
> sou a favor de abrir mão do termo "nominalismo" em favor de
> um termo especial mais apropriado (Quine to Goodman, June 12
> 1947, MS Storage 299, Box 4, folder Goodman, BPHLU).[4]

Uma vez que este capítulo não é sobre o nominalismo de
Goodman, simplesmente me referirei ao capítulo 4 de Cohnitz
e Rossberg (2006) e a Goodman (1988) e Quine (1988b) para uma
avaliação retrospectiva de suas diferenças.

1.3.3. O Abandono Quineano do Nominalismo

Em sua autobiografia para o volume de Schilpp, Quine rejeita o
que ele percebe como um mal entendimento de sua posição:

> Renovadas sessões com Goodman levaram ao "Steps towards a
> constructive nominalism", um esforço para obter a matemática
> em uma ontologia estritamente de objetos físicos. Optamos por
> uma exposição formalista da matemática, mas ainda tínhamos o
> problema sobre o que fazer com uma teoria da prova inscripcional
> em um universo presumivelmente finito. Creio que nosso projeto

---

[4]Sobre o mesmo tópico, é interessante ler o que Goodman escreve para Quine
em 28 de junho de 1948: "finalmente fui forçado a desistir do termo 'nominalismo'
para o propósito para o qual ele foi usado na tese, dado que a dificuldade de manter
seu uso distinto dos outros tem sido muito grande. Como um resultado, eu uso
'particularismo' para aquilo que chamava anteriormente de nominalismo. Não fosse
o fato de que seus artigos, e aquele que escrevemos juntos, usavam 'nominalismo' do
modo como faziam, provavelmente teria mantido o termo para o uso feito dele na tese
e teria usado 'particularismo' para o outro propósito; da forma como penso, pode ser
feito um bom caso a favor da tese de que, aquilo que agora chamo 'particularismo'—a
recusa de aceitar quaisquer outros indivíduos que não os concretos—está mais próximo
do nominalismo tradicional, ainda que um tanto amorfo, do que está aquilo que você e
nós temos chamado de nominalismo—a recusa de aceitar quaisquer entidades que não
sejam indivíduos" (MS storage 299, Box 4, folder Goodman, BPHLHU).

era bom e começou bem. Contudo, nosso artigo criou uma obsti-
nada má concepção de que continuo sendo um nominalista. Os
leitores tentam, da forma mais amigável possível, reconciliar meus
escritos com o nominalismo. Eles tentam ler o nominalismo em
"Sobre o que há" e encontram, ou deveriam encontrar, incoerência
(1988a:26).

Era óbvio para Quine, já na época da publicação de "Sobre
o que há" (1948), que havia uma lacuna entre este artigo e o
artigo de 1947, escrito com Goodman. Essa mudança pode ser
capturada na observação feita por Quine a Woodger em suas
sucessivas cartas. Na primeira, datada de 26 de janeiro de 1948,
Quine está discutindo uma análise do ordenamento lexicográfico
formulado por Woodger e diz a ele: "sua abordagem sugere
que você compartilha nossos [de Goodman e Quine] preconceitos
nominalistas". Porém, na carta seguinte, datada de 22 de março
de 1948, Quine diz a Woodger que seu pensamento em ontologia
está passando por rápidas transformações:

> Uma breve reflexão agora sobre ontologia. Suponho que a questão
> de qual ontologia aceitar é, em princípio, similar à questão de
> qual sistema de física ou biologia aceitar: volta-se finalmente so-
> bre a elegância e simplicidade relativas com que a teoria serve
> para agrupar e correlacionar nossos dados sensíveis. Aceitamos
> uma teoria de objetos físicos, indo de partículas subatômicas a
> universos-ilha, pois isto nos fornece o fichário mais organizado e
> conveniente que conhecemos para arquivar nossas experiências.
> Agora, a postulação de entidades abstratas (como valores de var-
> iáveis) é o mesmo tipo de coisa. Como uma assistente da Ciência
> Natural, a Matemática Clássica é, provavelmente, desnecessária;
> contudo, ela é mais simples e conveniente do que qualquer substi-
> tuto fragmentário ao qual poderia ser dado significado em termos
> nominalistas. Este é o motivo—e um bom motivo—para postular
> as entidades abstratas necessárias (para a Matemática Clássica).
> A aceitação platonista de classes resultou no paradoxo de Russell
> e outros, e assim tem que ser modificada com restrições artifici-
> ais. Do mesmo modo, no entanto, a aceitação de uma ontologia
> física, ultimamente, leva a resultados estranhos: o paradoxo onda-
> corpúsculo e a indeterminação. Parece-me, mais do que nunca,
> que a assunção de entidades abstratas e as assunções do mundo
> externo são do mesmo tipo. Permanece sendo importante estudar
> a fronteira entre aquela parte do discurso que envolve a assunção
> de entidades abstratas e aquela que não envolve. Eu mesmo tenho

> trabalhado em ambos os lados da fronteira e me proponho a continuar fazendo assim, mas agora tendo a salientar a distinção. Estas observações muito relativistas e tolerantes diferem em tom das passagens em meu artigo com Goodman e até mesmo de minha última carta, espero. Minha atitude ontológica me parece estar no momento evoluindo um tanto rapidamente (MS Storage 299, Box 9, folder Woodger, BPHLHU).

Esta é, de fato, a atitude ontológica exibida em "Sobre o que há", que marca a passagem do "preconceito nominalista" do artigo Goodman-Quine para o platonismo relutante dos anos posteriores. Finalmente, seja-me permitido assinalar que o argumento apresentado para Woodger não é propriamente o argumento clássico da 'indispensabilidade'. Quine diz para Woodger que, talvez, a Matemática Clássica se mostre desnecessária para a Ciência Natural, mas é devido às virtudes teóricas produzidas por uma sistematização usando a Matemática Clássica que ela deve ser aceita com seus compromissos platonistas. Desenvolvimentos recentes dos argumentos de indispensabilidade (Colyvan, 2001; Baker, 2005) são mais próximos desta versão do argumento do que da versão clássica de Quine-Putnam.

1.4. Tarski Novamente

Nesta seção, retornamos ao nominalismo de Tarski. Explorarei os reportes de Willem Beth de um encontro em Amersfoort em 1953 para completar o quadro do engajamento de Tarski com o nominalismo.

1.4.1. Beth sobre o Nominalismo (Bruxelas, 1953)

A análise dos escritos de Beth sobre nominalismo revela um movimento interessante. Graças aos documentos contidos nos arquivos de Beth, estamos bem-informados sobre esta mudança. Em 24 de janeiro de 1953, Beth ministrou uma conferência em francês em Bruxelas. Seu título era "La reconstruction nominaliste de la logique" (Beth, 1953a). Nesta conferência, Beth faz um panorama dos desenvolvimentos em lógica e teoria dos conjuntos que tinham como protagonistas Cantor, Zermelo, Frege e Russell. Ele assinala que tanto o sistema de Zermelo quanto a teoria de tipos de Russell emergiam como um modo de solucionar os paradoxos. Ele então enfatiza que ambos os sistemas contêm elementos que derivam de uma concepção "platonista". No caso de Zermelo, isto é revelado, acima de tudo, pelo fato de que cada indivíduo resulta da compressão de uma multidão como uma unidade, "o que lembra um dos métodos da teoria das formas". Além disso, afirma Beth, na teoria de Zermelo esse platonismo é ainda mais evidente, levando-se em conta o fato de que cada indivíduo é o resultado de tal compressão. Em contraste, o sistema de Russell admite verdadeiros indivíduos que não são o resultado de uma compressão. Quando comprimimos uma multidão, obtemos uma entidade de ordem superior. Porém, Beth observa que Quine insistiu na presença de elementos platonistas também na teoria de tipos. A razão que nos é dada é que as entidades de ordem superior são tratadas como indivíduos. Isto é especialmente evidente pelo fato de que podemos quantificar não somente sobre indivíduos, mas também sobre entidades de ordem superior. Dessa forma, as entidades de ordem superior assumem um caráter concreto ou substancial de tal modo que os "universais se solidificam". Isto leva Beth a refletir sobre se poderíamos dar uma interpretação alternativa 'nominalista' do sistema em questão de modo a evitar compromissos platonistas. O que parecia claro para ele é que a análise dos paradoxos havia mostrado que não podemos ter, ao mesmo tempo, uma quantificação uniforme e uma compressão ilimitada. Um requerimento para o nominalismo, dado sem argumento, é que o nominalismo deve requerer uma quantificação uniforme. Ele concede que podemos construir sistemas de lógica que satisfazem os requerimentos nominalistas, a lógica de primeira ordem é um exemplo proeminente, mas o problema é que a lógica de primeira ordem não é suficiente para reconstruir a matemática. Mesmo admitindo certa quantia de comprimibilidade (creio que Beth está pensando aqui nas 'teorias predicativas'), terminamos com modelos não *standard* e com uma reconstrução insatisfatória da matemática. Algo que é comum tanto ao sistema de Zermelo quanto ao de Russell é a noção de 'membridade' (seja na forma de "um universal é inerente a um indivíduo" ou "um indivíduo é um membro de uma classe"). Talvez esta seja a noção na base de ambos os sistemas que devemos tentar eliminar. Beth menciona que tal tentativa pode ser feita substituindo "membridade" por uma relação de inclusão (i.e., parte e todo). Entretanto, esta solução também apresenta vários problemas e Beth conclui sua conferência afirmando que a reconstrução nominalista da lógica e da matemática enfrenta dificuldades consideráveis e que os requerimentos nominalistas não estão em harmonia com as necessidades da lógica e da matemática clássica. Contudo, ele percebe um futuro melhor para o nominalismo no nível da metalógica. Embora não mencione aqui, explicitamente, o trabalho de Goodman e Quine, é claro que ele o conhecia, dado que o mencionou em um artigo publicado em 14 de fevereiro de 1953 na *Folia Universalis* (Beth, 1953b).

Resumindo, na primeira contribuição de Beth sobre o nominalismo encontramos:

(a) uma descrição simpática do programa, embora sem uma renúncia da atitude platonista;

(b) uma atitude crítica com respeito aos prospectos de sucesso para uma reconstrução nominalista da matemática (veja também a carta a Scholz citada em van Ulsen, 2000:62);

(c) menciona somente Quine e Goodman como nominalistas proeminentes.

1.4.2. O Simpósio de Verão de Amersfoort de 1953

Um importante desenvolvimento na concepção de Beth do nominalismo ocorre como uma consequência de um encontro de verão que ele organizou em Amersfoort sobre o tópico "Nominalismo e Platonismo na Lógica Contemporânea". A mudança pode ser delineada mais claramente em uma série de publicações. Em primeiro lugar, temos o reporte "Summer Conference 1953" e o artigo "Reason and Intuition", também publicado em 1953, ambos em holandês. Concepções mais elaboradas são encontradas nos volumes *L'Existence en mathématiques* (1955) e *The Foundations of Mathematics* (1959). Os dois proeminentes conferencistas do simpósio foram Quine e Tarski. Já mencionei que a conferência de Tarski para o encontro de verão ainda pode ser encontrada na Houghton Library, e já citei uma passagem dela.[5] Entretanto, a maior parte da apresentação de Quine é centrada na oposição entre ontologia e ideologia, e isto não adiciona muito ao já publicado Quine, 1951. Meu interesse neste material se encontra especialmente na quantia de informação que podemos extrair destes artigos acerca do nominalismo de Tarski. Isto nos fornece um complemento bem-vindo à informação que somos capazes de extrair das notas de Carnap a respeito dos encontros de Harvard de 1940–41.

Comecemos com o reporte sobre o simpósio de verão (Beth, 1953/4a). Beth apresentou Quine e Tarski como "os mais autorizados porta-vozes" dos esforços nominalistas em lógica. Após descrever a distinção quineana entre ontologia e ideologia e a rejeição nominalista de uma lacuna entre as duas noções, ele mencionou a taxonomia de Quine (que não se encontra nas notas escritas de Quine para a conferência) sobre as posições possíveis que um nominalista pode tomar frente à matemática platonista:

(1) ele pode tratar de construir uma matemática nova, nominalista;

(2) ele pode, após o exemplo do formalismo de Hilbert, conceber a matemática clássica como um sistema formal cuja estrutura pode ser descrita nominalisticamente, mas que não requer uma interpretação nominalista;

(3) ele pode tratar de encontrar uma interpretação nominalista da matemática clássica.

---

[5]É bastante provável que Tarski nunca tenha escrito um texto terminado para a conferência. Antes dela, em 20 de junho de 1953, ele escreveu para Quine "Caro Van, algum tempo atras, Beth me perguntou se gostaria de participar de uma conferência sobre nominalismo e Platonismo e dar uma palestra lá. Eu lhe disse que me interessava pelo tópico e ficava contente em assistir a conferência (se meus planos de ir para a Europa neste verão por acaso se materializassem), mas também salientei para ele que seria tarde demais para que eu preparasse qualquer palestra formal e que somente poderia prometer dar algumas contribuições para a discussão. Agora recebi um convite formal e planejo responder no mesmo estilo. Por outro lado, me ocorreu que se nós dois fossemos passar uma parte de agosto na Bélgica, e encontrássemos tempo de refrescar nossa memória sobre as conversas de Washington, poderíamos combinar de juntarmos nossas forças. Existem alguns pontos que muito me interessam—por exemplo, a possibilidade de uma interpretação semantica dos quantificadores com variáveis de ordem superior." (MS Storage 299, box 8, folder Tarski)

Quine simpatiza com a terceira opção. Permita-me assinalar de passagem que as discussões de 1940–41 contêm elementos de todos os três estágios, e que Goodman-Quine 1947 leva a cabo uma versão da segunda estratégia. As dificuldades do empreendimento são bem conhecidas. Em que sentido poderíamos dar uma interpretação nominalista do *Principia Mathematica*, a despeito de seus compromissos platonistas? Já quando quantificamos sobre números naturais, construídos como classes no *Principia*, não podemos encontrar nenhuma interpretação nominalista óbvia. Existe a possibilidade alternativa de identificar os números naturais com objetos concretos, "mas então temos que assumir que existem infinitos objetos concretos, um nominalista dificilmente estará preparado para fazer tal suposição".

As dificuldades tornam-se ainda piores quando passamos para a análise, dado o uso ubíquo de definições impredicativas: elas não somente dão lugar a universais, mas também quantificam sobre universais. Definições impredicativas são igualmente objetadas por nãonominalistas. Desta forma, além do nominalismo e do platonismo, existe uma terceira opção: o conceitualismo. Esta posição aceita quantificação sobre universais, mas rejeita definições impredicativas. Contudo, tendo em conta o teorema Löwenheim-Skolem e os resultados de Gödel sobre a construção de um modelo interno para ZF através de conjuntos construtíveis *L*, a oposição entre platonismo e conceitualismo não é tão rígida como pode parecer à primeira vista ("este contraste começa a se esvanecer", afirma Quine em sua conferência).

Beth, então, procede para o resumo da conferência de Tarski:

> O prof. Tarski concordou com a exposição de Quine sobre a concepção nominalista e elaborou sobre vários de seus aspectos. Ele distinguiu uma 'ontologia básica' *B* e uma 'ontologia estendida' *E*. A ciência pode servir como uma ilustração: aqui, *B* consiste dos objetos acessíveis à observação macroscópica, enquanto átomos, elétrons etc. pertencem a *E*. A linha entre *B* e *E* não pode ser traçada de modo preciso, e, de um ponto de vista nominalista, transferir certos elementos de *B* para *E* e vice-versa não produz nenhum ganho. Podemos, contudo, tentar reduzir *B* e *E* simultaneamente, assumindo uma posição empirista com respeito a *B* e uma nominalista com relação a *E*. *B* então nos fornece um suprimento mínimo de objetos concretos e *E* proveria uma ontologia de universais aceitável ao nominalista. Como temos visto, o

problema aqui está em encontrar uma interpretação nominalista
dos quantificadores cujo domínio consiste de universais (classes)
(Beth 1953/4a:43).

Assim, vemos que Tarski concorda com Quine sobre a terceira estratégia para o nominalismo, i.e., a reinterpretação de sistemas formais em termos aceitáveis pelos padrões nominalistas.
É neste ponto que encontramos uma rara e importante referência a Lesniewski, que mostra que o ponto de vista de Lesniewski
havia deixado marcas na abordagem tarskiana ao nominalismo:

> Tarski relembrou a audiência que os universais nominalistica-
> mente aceitáveis são aqueles para os quais existem expressões
> específicas. Lesniewski assinalou a possibilidade de restringir o
> âmbito dos quantificadores em questão para universais que são
> aceitáveis neste sentido. Surge a questão sobre se, ao aceitar tal on-
> tologia, as leis usuais da lógica permanecem válidas na forma que
> estas leis são tomadas do sistema que é fundado sobre suposições
> platonistas. De acordo com Tarski, os resultados mencionados de
> Gödel sugerem que não haverá dificuldade neste ponto. Entre-
> tanto, existem dificuldades em outros pontos (Beth 1953/4a:43).

A ideia seria então a de usar quantificação substitucional no
lugar de quantificação objetual. Tarski viu o trabalho de Gödel
como fornecendo uma ontologia de universais abstratos (classes)
que poderia ser nomeada. Talvez tenha visto neste resultado a
reivindicação da esperança que havia expressado em 1941:

> As tendências de Chwistek e outros ("nominalismo") de falar
> somente do que pode ser nomeado são saudáveis. O problema é
> somente como encontrar uma boa implementação (RC 090-16-09).

Não obstante, outras dificuldades foram apontadas por Tarski
para o projeto nominalista. Em primeiro lugar, o domínio B deve
produzir infinitamente muitos objetos:

> (i) E tem um suprimento infinito de objetos. Contudo, isto so-
> mente é justificado se B cobre um número infinito de objetos, e
> esta é uma assunção que não vai bem com uma posição empirista
> com respeito a B (Beth, 1953/4b:43).

Discutimos extensamente a questão da cardinalidade dos objetos concretos e não insistirei mais nessa questão (mas veja abaixo
como a conexão entre a infinidade dos Bs e a infinidade dos Es foi

provavelmente estabelecida por Tarski). Uma segunda questão diz respeito ao tipo de predicados que podem ser aplicados em B. Por exemplo, o uso interno a B do predicado de verdade parece não estar à disposição:

> (ii) A posição empirista com respeito a B leva a mais problemas. Que tipo de lógica pode ser aplicada a B? Predicados como 'vermelho' são admissíveis aqui; a introdução do predicado 'verdadeiro' pressupõe uma transição para a lógica de nível superior, mas isto se torna possível somente em E (Beth, 1953/4a:43).

Contudo, E deveria, ao menos, conter os números naturais. Como, então, isso pode ser justificado?

> (iii) Os problemas mencionados sob (i) e (ii) implicam que mesmo em E, a construção da Aritmética Elementar dá lugar a objeções. A saber, que os axiomas de Peano implicam a existência de um número infinito de objetos e, assim, ultrapassa os limites de E (Beth, 1953/4a:43–4).

A solução proposta por Tarski clarifica a passagem das notas de Carnap de 1940–41, quando ele afirma:

> Outras linguagens, eu "entendo" somente da maneira que "entendo" a matemática [Clássica], a saber, como um cálculo; sei o que posso inferir de outras [sentenças] (ou o que tenho inferido; "derivabilidade", em geral, já é problemático). No caso de quaisquer sentenças [*Aussagen*] superiores "platônicas" em uma discussão, sempre as interpreto como sentenças de que uma determinada proposição pode ser inferida (foi inferida, resp.) de certas outras proposições. (ele provavelmente quer dizer o seguinte: a asserção de certa proposição é interpretada como dizendo: esta proposição vale no sistema determinado dado; e isto significa: ela é derivável de certas suposições básicas) (RC 090-16-28).

O *se-ismo* [*If-thenism*] sugerido pela citação anterior é afirmado de modo bastante explícito em Amersfoort:

> Que esta objeção não é insuperável foi mostrado por Tarski da seguinte forma. Seja X o axioma em questão e A um teorema aritmético cuja prova envolva o axioma X. Agora, consideramos o enunciado "se X então A". Este enunciado também é um teorema aritmético, e para prová-lo não temos que apelar para o axioma X; formulando todos os teoremas aritméticos na forma hipotética referida aqui, evitamos qualquer apelo ao axioma X e com isso

evitamos também a necessidade de cruzar os limites de *E*. Na
aplicação de teoremas aritméticos a exemplos numéricos concretos, entretanto, a forma hipotética "se *X* então *A*" é tão útil quanto
o teorema original *A* (Beth, 1953/4a:44).

Isso conclui o reporte de Beth. O que está contido na seção
13 de "Reason and Intuition" (Beth, 1953/4b) somente confirma
o *se-ismo* atribuído a Tarski.

Existem também elementos em Beth (1953/4b) para pensar
que Tarski apresentou mais detalhes sobre como construir, a partir de *B*, os universais nominalisticamente aceitáveis contidos em
E. Em Beth (1953/4b), ele apresenta a construção por estágios
tanto do sistema de teoria de tipos de Russell quanto da teoria
de conjuntos de Zermelo e alega, na nota 16, estar seguindo a exposição de Tarski em Amersfoort. A ideia é simples: começamos
com um domínio contável de indivíduos $S1$. A partir destes, então, construímos somente classes que são definíveis. A união dos
dois tipos é a espécie *S*. Os corpos materiais são aqueles obtidos
desse modo. Beth chama isso de 'hipótese cosmológica':

> Nós podemos agora identificar os objetos da espécie *S* com corpos
> materiais, apelando para uma 'hipótese cosmológica' de acordo
> com a qual o universo contém uma quantia enumerável de corpos
> materiais (Beth, 1953/4b, Eng. Trans. p. 95).

A última suposição se fundamenta no fato de que *B* (chamado
de $S1$ em 1953b), o ponto de partida da construção, já nos fornece
uma quantia enumerável de objetos. Isto nos leva de volta às dificuldades já mencionadas em 1953a. Não obstante, Beth prossegue
indicando que, agora, a solução para as dificuldades relativas à
teoria de conjuntos e à teoria dos tipos deve ser encontrada no
mesmo *se-ismo* proposto para a aritmética:

> Naturalmente, podemos objetar ao apelo a uma hipótese cos-
> mológica como mencionada acima; sua necessidade resultou da
> aceitação do axioma de infinito. Uma dificuldade similar já surge
> com respeito à Aritmética Elementar, e podemos adotar a solução
> dada para este caso. Seja *X* o axioma de infinito e *A* um teo-
> rema da teoria de Zermelo (respectivamente, de Russell) em cuja
> prova *X* desempenha um papel. De acordo com o teorema da de-
> dução, o teorema 'se *X* então *A*' pode ser demonstrado na teoria
> em questão sem ter que apelar ao axioma *X*. Podemos, portanto,

abandonar o axioma de infinito, dado que fornecemos a forma
hipotética recém-indicada a todos os teoremas em cuja prova o
axioma desempenha um papel. Para todos os propósitos práticos,
'se X então A' nos é tão útil quanto A. A interpretação dada acima
permanece sustentável agora, mas podemos deixar em aberto a
questão de quantos objetos materiais o universo contém (Beth,
1953/4b, Trad. Ingl. p. 96).

Assim, parece que Tarski estava mais disposto do que Quine a
manter o projeto nominalista. Ele pensava que o *se-ismo* poderia
fornecer interpretações nominalistas aceitáveis do cálculo clássico, enquanto Quine parecia ter optado pelo conceitualismo, uma
posição que não identificava com o nominalismo.

1.5. Conclusão

Tentei fornecer novos elementos para um melhor entendimento
do engajamento nominalista de Quine e Tarski. Antes de concluir,
gostaria de comparar, muito brevemente, as estratégias nominalistas seguidas por ambos os autores (reinterpretação dos sistemas
axiomáticos clássicos) com aquelas presentes na literatura contemporânea sobre o nominalismo. Em *A Subject With No Object*,
Burgess e Rosen distinguem entre nominalismo revolucionário
e hermenêutico. Na primeira abordagem, a concepção revolucionária, o objetivo é a reconstrução ou revisão: "a produção
de novas teorias científicas e matemáticas para substituir as presentes" (1997:6). A maioria das teorias reconstruídas se parece
exatamente com as teorias clássicas, mas são reconstruídas ou
reinterpretadas de acordo com padrões nominalistas. No caso
do nominalismo hermenêutico, o nominalista alega que sua reconstrução ou reinterpretação preferida é aquilo que as teorias
clássicas queriam dizer o tempo todo. Não vejo traço de nominalismo hermenêutico em Quine e Tarski: a abordagem deles
se encontra inteiramente na tradição revolucionária. Isto é especialmente evidente se pensamos na posição que eles defenderam
em Amersfoort, usando os resultados de Gödel sobre L, assim
como a reinterpretação da teoria de conjuntos clássica e da teoria de tipos. Não é feita nenhuma afirmação quanto ao fato de
que aquilo era o que a teoria de conjuntos sempre quis dizer;

antes, eles propõem uma reinterpretação de acordo com a qual os padrões nominalistas são satisfeitos.

Em si mesmo, isso não marca uma grande diferença com os programas nominalistas contemporâneos, que são usualmente revolucionários antes de hermenêuticos. Mas os programas nominalistas diferem enormemente uns dos outros. Alguns, seguindo Goodman e Quine 1947, utilizam ideias mereológicas. O próprio Tarski não parece enfatizar a mereologia em sua reconstrução nominalista; já para Quine, a mereologia se mostra em algumas das conferências dos anos de 1930 e 1940 e no artigo com Goodman. Contudo, em Amersfoort, sua abordagem não depende da mereologia.

Outros programas contemporâneos se baseiam nas modalidades. Aqui, Tarski e Quine rejeitam explicitamente o apelo a modalidades, isto é bastante claro nas discussões com Carnap. Entretanto, é interessante assinalar que o *se-ismo* (parcial) de Tarski corresponde ao primeiro passo na abordagem modal de Hellman ao nominalismo. O *se-ismo* de Tarski é parcial na medida em que ele parece limitado ao axioma do infinito (ou o axioma do sucessor na aritmética). A reconstrução favorita de Hellman da matemática clássica começa construindo, para cada teorema, digamos, da Aritmética Clássica, uma versão 'se-então' e, após isto, prefixa o enunciado 'se-então' com um operador de possibilidade.

Finalmente, a versão de Field do nominalismo apela a pontos e regiões no espaço físico. Enquanto Tarski e Quine não antipatizariam com esta concepção, não estou certo de como teriam reagido à proposta, mas certamente a infinidade de tais pontos e regiões teria entrado em questão. De qualquer forma, teriam achado a proposta de Field interessante ao abordar uma questão que havia sido central para suas preocupações: o nominalismo pode ser suficiente para dar conta da matemática usada nas ciências naturais?

O que chama a atenção sobre Tarski e Quine em comparação com o nominalismo contemporâneo é o fato de que a motivação para o nominalismo não é defendida com bases epistemológicas. O nominalismo contemporâneo tem sido, em grande medida, uma tentativa de responder ao dilema de Benacerraf sobre como podemos ter acesso a entidades abstratas. Tarski e Quine parecem proceder para o nominalismo sem a mediação de problemas epistemológicos. Isto pode não ser surpreendente na medida em que teorias causais do conhecimento não eram dominantes nas décadas de 1930 e 1940, como vieram a se tornar após os anos 1960. Seu antiplatonismo se origina de receios metafísicos e compromissos metodológicos, favorecendo a parcimônia de entidades postuladas. Talvez isso deva ser qualificado relembrando que a questão do "entendimento", obviamente uma noção epistêmica, era central para a caracterização de Tarski do nominalismo. Todavia, essa preocupação é diferente daquela relacionada explicitamente a teorias causais do conhecimento.

1.6. Agradecimentos

Gostaria de agradecer a Arianna Betti, Wim de Jong, Paul van Ulsen e Henk Visser por me ajudarem a encontrar alguns dos artigos e manuscritos de Beth. Agradeço especialmente a Mark van Atten, que generosamente traduziu Beth (1953/4a) para o inglês para mim. Por comentários e informações úteis sobre mereologia, sou grato a Marcus Rossberg. Por comentários específicos sobre este artigo, sou grato a Lieven Decock, Marcus Giaquinto, Sol Feferman, Chris Pincock e Mark van Atten. Também agradeço profundamente a ajuda que recebi dos bibliotecários da Houghton Library (Harvard) durante minha estada e gostaria de expressar minha gratidão pela permissão para reproduzir o material do Arquivo Quine. Todas as citações dos Arquivos Quine ocorreram graças à permissão da Houghton Library, Harvard University. Por fim, mas não menos importante, agradeço a Douglas B. Quine e Dean Zimmerman por tornarem possível esta edição do *Oxford Studies in Metaphysics*.

1.7. Referências Bibliográficas

Fontes não publicadas: referências a fontes não publicadas são dadas explicitamente na bibliografia. As únicas exceções são os excertos das notas de Carnap dos encontros com Quine e Tarski, que são sempre dadas com referência à rubrica original nos Arquivos Carnap, por exemplo, RC 090-16-28. Para o original em alemão, veja Mancosu (2005).

Baker, A. 2005. "Are there Genuine Mathematical Explanations of Physical Phenomena?" *Mind* 114:223–38.

Beth, E. 1953. "La reconstruction nominaliste de la logique." Lecture delivered in Bruxelles on January 24, 1953, Archief E. W. Beth, Amsterdam.

—. 1953/4a. "Zomerconferentie 1953." *Algemeen Nederlands Tijdschrift voor Wijsbegeerte en Psychologie* 46:41–45. Tradução inglesa de Mark van Atten, não publicada.

—. 1953/4b. "Verstand en intuïtie." *Algemeen Nederlands Tijdschrift voor Wijsbegeerte en Psychologie* 46:213–24. Tradução inglesa em E. Beth, *Aspects of Modern Logic*, Reidel, Dordrecht, pp. 86–101.

—. 1955. *L'Existence en mathématiques*. Paris: Gauthier-Villars.

—. 1959. *The Foundations of Mathematics*. Amsterdam: North Holland.

Burgess, J. e Rosen, G. 1997. *A Subject with no Object*. Oxford: Oxford University Press.

Cohnitz, D. e Rossberg, M. 2006. *Nelson Goodman*. Montreal: McGill-Queen's University Press.

Colyvan, M. 2001. *The Indispensability of Mathematics*. Oxford: Oxford University Press.

Decock, L. 2002. *Trading Ontology for Ideology*. Dordrecht: Kluwer.

Frost-Arnold, G. 2008. "Tarski's Nominalism." In D. Patterson (ed.), *New Essays on Tarski and Philosophy*, 225–246. Oxford: Oxford University Press.

—. 2013. *Carnap, Tarski, and Quine at Harvard: Conversations on Logic, Mathematics, and Science*. La Salle: Open Court Press.

Goodman, N. 1941. *A Study of Qualities*. Ph.D. thesis, Harvard University. Reimpresso em 1990, por Garland (New York), como parte da Harvard dissertations in Philosophy Series.

—. 1963. "A World of Individuals." In P. Benacerraf e H. Putnam (eds.), *Philosophy of Mathematics*, 197–210. Englewood Cliffs: Prentice-Hall, first edition. Este artigo foi publicado originalmente em 1956 e o apêndice em 1958.

—. 1988. "Nominalisms." In Hahn e Schilpp (1988), 159–61. First edition 1986.

Goodman, N. e Quine, W. V. O. 1947. "Steps towards a Constructive Nominalism." *Journal of Symbolic Logic* 12:105–22.

Gosselin, M. 1990. *Nominalism and Contemporary Nominalism*. Dordrecht: Kluwer.

Hahn, H. 1930. "Überflüssige Wesenheiten (Occams Rasiermesser)." In *Veröffentlichungen des Vereines Ernst Mach*. Vienna: Verlag Artur Wolf, 1930. Reprinted in H. Hahn, *Empirismus, Logik, Mathematik* (Frankfurt: Suhrkamp, 1988), 21–37.

Hahn, L. E. e Schilpp, P. A. (eds.). 1988. *The Philosophy of W. V. Quine*. La Salle: Open Court. First edition 1986.

Mancosu, P. 2005. "Harvard 1940–41: Tarski, Carnap and Quine on a Finitistic Language of Mathematics for Science." *History and Philosophy of Logic* 26:327–57.

Martin, R. 1964. "The Philosophical Import of Virtual Classes." *Journal of Philosophy* 61:377–87.

Quine, W. V. O. 1934. "Logic Notes. Mostly 1934–38." Notebook of 300 pp.; Quine archive, Houghton Library, *2002M-5, Box 02, Compositions 2UDC.

—. 1936. "Towards a Calculus of Concepts." *Journal of Symbolic Logic* 1:2–25.

—. 1937a. "Nominalism." Lecture delivered at the Philosophy Club, Harvard, October 25, 1937. Quine archive, Hougton Library, Occasional Lectures, 1935–8, MS Storage 299, box 11.

—. 1937b. "On Cantor's Theorem." *Journal of Symbolic Logic* 2:113–19.

—. 1939a. "A Logistical Approach to the Ontological Problem." Sept. 8, 1939 (Unity of Science Congress). Quine archive, Hougton Library, Occasional Lectures, 1939, MS Storage 299, box 11.

—. 1939b. "A Logistical Approach to the Ontological Problem." Preprint. Publicado em Quine 1966.

—. 1939c. "Designation and Existence." *Journal of Philosophy* 36:701–9.

—. 1940. "Logic, Mathematics and Science." Read by Quine at Harvard on Dec. 20, 1940. Quine archive, Hougton Library, Occasional Lectures, 1940–7, MS Storage 299, box 11.

—. 1941. *Elementary Logic*. Boston: Ginn. Rev. ed. Harvard University Press, 1966.

—. 1944. *O sentido da nova lógica*. São Paulo: Martins Fontes.

—. 1946. "Nominalism." Presented at Harvard Philosophical Colloquium on March 11, 1946, Original possuído por Douglas Quine. Transcriçao publicada em Zimmerman, D., *Oxford Studies in Metaphysics*, vol. 4, Oxford: Oxford University Press, 2008, pp. 3–21.

—. 1947a. "On the Problem of Universals." Lecture delivered at the Association of Symbolic Logic meeting in New York City on February 8, 1947, 27 pages. Quine archive, Hougton Library, Occasional Lectures, 1940–7, MS Storage 299, box 11.

—. 1947b. "On Universals." *Journal of Symbolic Logic* 12:74–84.

—. 1948. "On What There Is." *Review of Metaphysics* 2:21–38.

—. 1951. "Ontology and Ideology." *Philosophical Studies* 2:11–15.

—. 1953a. "Nominalism and Platonism in Modern Logic." Lecture delivered in Amersfoort in September 1953.Quine archive, Houghton Library, Occasional Lectures, 1951–5, MS Storage 299, box 11.

—. 1953b. "Logic and the Reification of Universals." In W. V. O. Quine (ed.), *From a Logical Point of View*. Cambridge, Mass: Harvard University Press.

—. 1966. *The Ways of Paradox and Other Essays*. New York: Random House.

—. 1985. *The Time of my Life: An Autobiography*. Cambridge, Massachusetts: MIT Press.

—. 1988a. "Autobiography." In Hahn e Schilpp (1988), 2–46. First edition 1986.

—. 1988b. "Reply to Nelson Goodman." In Hahn e Schilpp (1988), 162–3. First edition 1986.

Tarski, A. 1983. *Logic, Semantics, Metamathematics*. Oxford: Oxford University Press, second edition. First edition, 1956.

—. 1986. *Collected Papers*. S. Givant and R. McKenzie (eds.), volumes I–IV, Basel: Birkhäuser.

Van Ulsen, P. 2000. *E. W. Beth als Logicus*. ILLC Dissertation Series, Amsterdam.

Tarski, Neurath e Kokoszyńska sobre a Concepção Semântica da Verdade

Na *Autobiografia* de Carnap é reportado que a apresentação de Tarski da concepção semântica da verdade, no congresso de Paris em 1935, deu surgimento a posições conflitantes. Enquanto Carnap e outros enalteceram a definição de Tarski como um grande sucesso em análise conceitual, outros, como Neurath, expressaram sérias preocupações com o projeto tarskiano.[1] Tarski (1944) contém somente referências indiretas àqueles debates e evita mencionar explicitamente aquelas objeções que não foram formuladas em textos impressos (tais como as de Neurath).[2] Meu objetivo neste capítulo é rever o debate que acompanhou o reconhecimento internacional da semântica tarskiana, utilizando não somente fontes publicadas, mas também a correspondência adicional entre Neurath, Tarski, Lutman-Kokoszyńska e Hempel.

É bem conhecido que a teoria da verdade de Tarski teve um duradouro impacto sobre alguns membros do Círculo de Viena, tais como Carnap. Contudo, ao menos fora da comunidade dos historiadores do movimento do positivismo lógico, é pouco conhecido que o trabalho de Tarski surgiu em meio a um debate

---

[1]Veja a *Autobiografia* de Carnap (1963:61) e *Introduction to Semantics* (1942:x). Enquanto minha atenção aqui será focada exclusivamente em Neurath, devo assinalar que entre os primeiros objetores da teoria semântica da verdade encontramos Jørgensen, Juhos, Nagel e Naess.

[2]Neurath (1936) é referido em Tarski (1944), mas somente enquanto um *survey* das discussões que tomaram lugar em Paris em 1935. Para uma biografia de Tarski, veja Feferman, Feferman (2004). Para outros aspectos do engajamento filosófico tarskiano, veja Mancosu (2005; 2009), Woleński (1993; 1995).

sobre a natureza da verdade que envolvia vários dos membros do Círculo de Viena.[3]   As intervenções mais importantes neste debate, anteriores ao trabalho de Tarski, foram o artigo de Schlick "On the Foundations of Knowledge" (1934), a réplica de Neurath "Radical physicalism and the 'real world'" (1934), e o artigo de Hempel "On the Logical Positivists Theory of Truth" (1935). A influência do trabalho de Tarski é evidente em uma sucessão de artigos relacionados ao debate, como "Truth and confirmation" (1936a), de Carnap, e "On the absolute concept of truth and some other semantical concepts" (1936b), de Lutman-Kokoszyńska. De fato, como se tornará claro a seguir, havia diferenças substanciais entre os disputantes quanto às questões que abordavam concernentes à verdade. Assim, quando afirmo que o debate concernia à "natureza da verdade" (como se existisse uma única noção sendo explicada), isto deve ser tomado *cum grano salis*.

A data-chave aqui é o encontro de Paris (o Primeiro Congresso Internacional da Unidade da Ciência) de 1935, onde Tarski foi convidado a apresentar seu trabalho sobre a teoria da verdade. Ayer afirma, em sua autobiografia, que "filosoficamente, o ponto alto do congresso foi a apresentação de Tarski de um artigo sumarizando a teoria da verdade" (Ayer, 1977:116).

A teoria tarskiana parecia, para muitos, dar nova vida à ideia da verdade como correspondência entre linguagem e realidade. A discussão que se seguiu à apresentação de Tarski foi resumida por Neurath em seu longo panorama do Congresso de Paris, publicado na *Erkenntnis*. Ainda no Congresso de Paris, Neurath havia sugerido que:

> Do ponto de vista da terminologia, ele [Neurath] pensa que devemos reservar o uso do termo "verdadeiro" para aquela Enciclopédia, dentre as muitas enciclopédias consistentes que são controladas por sentenças protocolares, que fora escolhida de tal modo que cada consequência desta Enciclopédia e cada nova sentença aceita nela será chamada "verdadeira" e qualquer sentença que a contradiga seria chamada "falsa" (Neurath, 1936:400).

---

[3]Veja Hofmann-Grüneberg (1988), Grundmann (1996), Hempel (1982), Rutte (1991) e Uebel (1992). Para uma apresentação mais antiga, veja Tugendhat (1960). Para uma exposição geral do debate acerca das sentenças protocolares, veja Cirera (1994), Oberdan (1993) e Uebel (1992).

Foi esta proposta para o uso de "verdade" (dada em formulações anteriores, mas similares a esta) que levou Schlick, em 1934, a atacar a posição de Neurath como uma teoria "coerentista" da verdade. É importante assinalar, a princípio, que, do ponto de vista de Schlick, a proposta de Neurath remonta a uma posição filosófica sobre a natureza da verdade (uma teoria coerentista), e que algumas passagens em Neurath suportam esta leitura. Porém, do ponto de vista de Neurath, a proposta é mais radical, e talvez ele até mesmo rejeitasse a ideia de que estava defendendo uma concepção ou uma teoria da verdade. De fato, como se tornará claro abaixo, Neurath buscava um substituto para uma metodologia da ciência que pensa a si mesma como uma metodologia da verdade, obtida através de um método científico que, sistematicamente, explora como as garantias de verdade são obtidas e distribuídas ao longo do sistema e da comunidade de investigadores. Onde quer que eu use 'concepção de verdade' em conexão com Neurath, o leitor deve ter em mente esta observação que acabei de fazer.

As preocupações de Neurath com a definição tarskiana de verdade já eram óbvias no reporte mencionado acima, mas sua total articulação somente pode ser compreendida a partir da correspondência que ele manteve sobre o assunto com, entre outros, Tarski, Carnap, Lutman-Kokoszyńska e Hempel.[4]

2.1. A Correspondência entre Tarski e Neurath

A correspondência entre Tarski e Neurath contém 41 cartas de Tarski e 42 de Neurath, abrangendo o período de 1930–1939. Três destas cartas foram publicadas em 1992, por Rudolf Haller (1992). Em particular, as cartas publicadas por Haller são importantes por motivos históricos concernentes à influência mútua entre os lógicos poloneses e o Círculo de Viena (veja também Woleński, 1989a; e Woleński e Köhler, 1998). Entretanto, focarei em outro

---

[4]Para a localização da correspondência não publicada citada neste artigo, veja os detalhes dados após as notas. O material não publicado do arquivo Carnap possui um número de chamada que sempre começa com "RC", seguido por uma série de números, i.e., "RC 102-55-05". Todas as fontes originais citadas sem um número de chamada são do *Nachlaß* de Neurath.

aspecto da correspondência, aquele que diz respeito às objeções de Neurath contra a semântica de Tarski. As cartas que nos interessam são posteriores ao encontro de Paris em 1935, e são, até o momento, não publicadas.

Gostaria de assinalar, contudo, que, a partir da leitura das cartas devotadas à discussão sobre a influência mútua entre o Círculo de Viena e os lógicos poloneses, já nos impressionamos com a extensa familiaridade de Tarski com os princípios da filosofia do Círculo de Viena. Por exemplo, em sua carta a Neurath, datada de 7 de setembro de 1936, a discussão gira em torno das seguintes quatro afirmações de Neurath (feitas em Neurath, 1935), cada uma das quais é disputada por Tarski:

(a) A admissibilidade de sentenças sobre sentenças, a possibilidade de se falar, não objetavelmente, sobre a linguagem, era aceita amplamente pelo Círculo de Viena antes das conferências de Tarski em Viena em 1930.

(b) A afirmação de que os poloneses e o Círculo de Viena alcançaram ao mesmo tempo e independentemente às alegações contidas em (a).

(c) A alegação de acordo com a qual sentenças, partes de sentenças etc. são entidades físicas [gebilde] foi discutida pelo círculo de Viena antes das lições de Tarski em 1930, Tarski não disputa esta afirmação, mas saliente que, em Varsóvia, esta posição foi sustentada desde 1918.

(d) A afirmação de acordo com a qual, tendo-se em vista os objetivos das ciências reais, podemos seguir com uma linguagem universal.

Teremos que retornar a algumas destas questões posteriormente. Na mesma carta, Tarski acrescentou:

> Não consigo entender porque você também continua a considerar a semântica "objetável", embora não tenha nada a objetar às discussões de Carnap de "tautologia", "analítico", que correm em paralelo e estão estreitamente relacionadas a ela. Eu li cuidadosamente sua correspondência com Sra. Lutman, mas isto não me ajudou em nada. (Tarski to Neurath, 7.ix.36, Neurath *Nachlaß*)

Aprendemos aqui que Neurath estava se correspondendo com Maria Lutman-Kokoszyńska (daqui por diante, Kokoszyńska), que, na segunda metade dos anos 1930, era considerada uma das representantes da escola Lvov-Varsóvia sobre questões filosóficas relacionadas com semântica.[5]

Quais eram, então, as objeções de Neurath à teoria da verdade de Tarski?[6] Sigamos a correspondência entre Neurath e Tarski. Neurath e Tarski se encontraram pela primeira vez em Viena, durante a visita de Tarski em 1930. Neurath, então, visitou Varsóvia duas vezes em 1934, e convidou Tarski para participar do assim chamado Prag-Vorkonferenz, que foi planejado como um encontro preliminar para o congresso de Paris de 1935. Desta forma, eles tiveram várias oportunidades para discutir todo tipo de questão relacionada com assuntos de interesse lógico e filosófico. De qualquer modo, com a exceção de uma interessante carta (publicada em Haller, 1992) de Tarski em 1930 sobre os estudiosos poloneses envolvidos com filosofia das ciências exatas, a maior parte da correspondência entre eles até 1935 trata de temas mais mundanos. Enquanto isso, Tarski havia chegado em Viena em Janeiro de 1935 com uma bolsa de estudos da Rockfeller Foundation. A maioria da correspondência durante esse período (Neurath já havia se instalado na Holanda) tratava da publicação de um artigo escrito por Tarski nos anais da Prag-Vorkonferenz. Entretanto, é interessante que Neurath, em uma carta datada de 2 de maio de 1935, concernente ao congresso de Paris, escreve para Tarski:

> Espero que você contribua a serviço do EMPIRISMO. Temo constantemente que um belo dia aparecerá um livro intitulado "METAPHYSICA MODO LOGISTICA DEMONSTRATA", e então nos culparão até mesmo por isto. (Neurath to Tarski, 2.v.35,

---

[5]Maria Lutman-Kokoszyńska nasceu em 1905. Ela obteve seu Ph.D sob orientação de Twardowski após ter estudado filosofia e matemática em Lvov. Sua tese foi terminada em 1928 e tratava do tópico "Nomes gerais e ambíguos." Um *curriculum vitae*, datado de 1961, encontra-se no *Nachlaß* de Carnap sob o número RC088-57-07. Para uma bibliografia dos trabalhos de Kokoszyńska, veja Zygmund (2004).

[6]As únicas contribuições que conheço que tratam, em certa medida, das objeções de Neurath a Tarski são Mormann (1999) e Hoffman-Grüneberg (1988). Há também uma discussão útil em Uebel (1992). Enquanto todas levam em consideração a correspondência Tarski-Neurath, eles a usam de forma muito limitada e não fazem referência às outras fontes de arquivo que estou usando.

Neurath *Nachlaß*)[7]

Isso já aponta para um tema recorrente em Neurath, i.e., o medo de que o formalismo lógico possa seduzir as pessoas a adotarem posições metafísicas. Em uma carta de Neurath para Carnap de 1943 (escrita em inglês), na qual o perigo da semântica está em questão, também é fornecida uma completa genealogia:

> Estou realmente deprimido em ver aqui toda a metafísica aristotélica, em todo seu brilho e glamour, encantar meu amigo Carnap por completo. Como frequentemente ocorre, os ornamentos do formalismo seduzem pessoas logicamente orientadas, como é o seu caso... É realmente estimulante ver como o Escolasticismo Católico Romano encontra seu caminho em nossos estudos lógicos, que têm sido devotados ao empirismo.
>
> O escolasticismo criou o brentanismo, Brentano gerou Twardowski, Twardowski gerou Kotarbiński, Łukasiewicz (você conhece suas relações diretas com o neo-escolasticismo na Polônia), ambos juntos agora geraram Tarski etc. e agora eles são o padrinhos de NOSSO Carnap também; deste modo, Tomás de Aquino entra pela porta de Chicago (...) (15.i.43, RC 102-55-02).[8]

---

[7]Veja também a carta de Neurath para Carnap, datada de 19.iv.35 (RC029-09-60), onde Neurath expressa a mesma preocupação (a correspondência Neurath-Carnap foi primeiro estudada em Hegselmann 1985). Uma preocupação similar àquela expressa na citação acima surge ainda tão tardiamente quanto em 1944: "Tenho a sensação de dar seguimento ao seu período da Sintaxe Lógica, antes de você ter se tornado tarskianizado com um *flavour* aristotélico que eu detesto. Sempre que você, um gênio calculatório, suporte o tipo de escolasticismo possível que sempre nos afasta do empirismo científico" (Neurath to Carnap, 1.4.44, RC 102-55-05). Veja também a correspondência de Neurath para Morris, datada de 18.xi.44. Aliás, Tarski respondeu ao pedido de Neurath através de Kokoszyńska. Em uma carta de Kokoszyńska para Neurath (datada: Paris, 25.vii.35), a discussão é sobre a palestra de Tarski: "Estou encarregado por Tarski de lhe comunicar que o título final de sua palestra será "Os fundamentos da semântica científica". Ele mudou, segundo a sua vontade, o tema original, para tratar de tais questões no Congresso, que são de importância bastante fundamental para a ciência como um todo." (Kokoszyńska to Neurath, 19.iv.35, Neurath *Nachlaß*). Na minha opinião, o famoso comentário de Tarski sobre fisicalismo e semântica em Tarski (1936a) deve ser visto à luz da avidez de Tarski em agradar Neurath. Porém, não tratarei deste tópico. Para uma discussão recente, veja Frost-Arnold (2004).

[8]Em geral, Neurath usa formulações similares com diferentes correspondentes. Por exemplo, a linhagem Brentano–Twardowski–Łukasiewicz–Tarski é fornecida em uma carta a Hempel datada de 20.ii.1943: "é uma infeliz situação que tenhamos agora que objetar à metafísica aristotélica bem formalizada por Tarski e Carnap. Tocarei somente neste aspecto, mas penso que em outro dia o explicarei em detalhes. O escolasticismo via Brentano–Twardowski–Łukasiewicz–Tarski surge agora dentro de

Percebemos, então, que o comentário de Neurath em 1935 já continha as sementes de uma preocupação que não viria a se esvanecer.

2.2. 1935: O Congresso de Paris e suas Consequências

O congresso de Paris de 1935 (dos dias 15 a 23 de setembro) representa um momento decisivo na história do Círculo de Viena e na carreira de Tarski. Durante sua estada em Viena em 1935, Tarski teve a oportunidade de explicar sua teoria da verdade para Carnap e Popper (em polonês, 1933; versão alemã, 1935), e, devido à insistência de Carnap, decidiu dar uma conferência sobre o assunto em Paris. Além disso, outros estudiosos, tais como Arne Naess, vieram a conhecer a teoria de Tarski a partir da leitura de versões preliminares do artigo no mesmo período.[9] Em Paris, Tarski também deu uma segunda conferência sobre o conceito de consequência lógica.[10] No congresso havia importantes conferências de Carnap e Kokoszyńska que já partiam da teoria da verdade de Tarski. Enquanto Carnap e Popper se converteram imediatamente à teoria da verdade tarskiana, o congresso de Paris revelou uma ampla variedade de reações ao trabalho de Tarski. Em sua *Autobiografia*, Carnap afirma:

> Para minha surpresa, houve veemente oposição mesmo da parte de nossos amigos filosóficos (. . .) Neurath acreditava que o conceito de verdade não poderia ser reconciliado com um ponto de vista estritamente empirista e antimetafísico (. . .) Eu mostrei que estas objeções se baseavam em um mal-entendido acerca do conceito semântico de verdade, a falha em distinguir entre este conceito e conceitos como os de certeza, conhecimento da verdade, verificação completa, e conceitos semelhantes (1963:61).

---

um cálculo, porém, creio que o cálculo, com uma interpretação diferente, pode ser útil mesmo dentro do empirismo, mas não como ele está agora" (Neurath to Hempel, 20.ii.1943, Neurath *Nachlaß*). Veja também a carta de Neurath para Martin Strauss datada 16.i.43 e a de Neurath para Carnap datada 27.viii.38. Para uma exposição das teorias da verdade de Brentano até Tarski, veja Woleński e Simons (1989). Para um panorama da escola Lvov-Varsóvia, veja Woleński (1989b).

[9]Veja carta de Naess para Neurath datada 8.vii.36.

[10]Sobre a teoria tarskiana da consequência lógica e para referências adicionais, veja Mancosu (2006).

Neurath abordou este tópico na correspondência com Tarski
já em 26 novembro de 1935 (embora certamente tenha havido
debates em Paris), discutindo questões de terminologia:

> À medida que entendo, a terminologia proposta por você e pela
> doutora Lutman parece dar surgimento a todo o tipo de confusões.
> Vocês poderiam talvez enfatizar a relevância que ela possui. Ainda
> penso que minha sugestão, de chamar de verdadeira qualquer En-
> ciclopédia escolhida em qualquer momento, e consequentemente
> chamar "verdadeiras" todas as sentenças reconhecidas que re-
> conhecemos como se seguindo ou como contidas nela, e chamar
> "falsas" todas as sentenças que rejeitamos, é terminologicamente
> menos perigosa. Porém, este é, por assim dizer, um problema
> mais propriamente pedagógico.
>
> Penso que suas apresentações são, em geral, muito importantes
> para as questões do empirismo lógico. Especialmente a questão
> sobre como "proposições" ocorrem, entre outras "coisas" etc.,
> e também o problema sobre como devem ser delimitadas as
> proposições analíticas. Infelizmente, eu dificilmente serei ca-
> paz de estudar estas questões mais detidamente em um futuro
> imediato. Contudo, espero que a situação não demore muito a
> mudar. Os anais do congresso no qual aparece seu artigo certa-
> mente serão muito úteis para mim (Neurath para Tarski, 26.xi.35,
> Neurath *Nachlaß*).

Após ter lido o artigo técnico de Tarski sobre a verdade, Neurath escreveu:

> Li o trabalho que você, tão atenciosamente, enviou para mim.
> Embora não pretenda criticá-lo de modo algum, quero afirmar,
> todavia, que ele certamente gerou alguma confusão. As restrições
> que você impõe sobre o conceito de verdade não serão observadas
> e suas formulações serão usadas para todo tipo de especulações
> metafísicas. Mas este é um comentário sociológico que, como tal,
> não é sem importância (Neurath para Tarski, 24.iii.36, Neurath
> *Nachlaß*).

Percebemos, assim, que Neurath temia um uso metafísico
da teoria de Tarski devido a uma extensão inapropriada de seu
campo de validade (das linguagens formais para as linguagens comuns) e também se opôs ao uso tarskiano da noção de "verdade".
Ao mesmo tempo, recomendou usar o termo "verdadeiro" para
falar da aceitabilidade e rejeição da Enciclopédia. Em sua réplica,
datada de 21 de abril de 1936, Tarski tentou atenuar o problema,

alegando que, sobre a questão da "verdade", existiam somente diferenças terminológicas entre ele e Neurath. Entretanto, Neurath pensava que havia muito mais em jogo, e em sua próxima carta vislumbramos a constelação de elementos que alimentavam sua resistência:

> Agradeço muito pelas suas reflexões sobre nossas "definições de verdade". Certamente existem, de início, somente diferenças terminológicas, mas tenho a nítida impressão de que na discussão concernente ao domínio das ciências reais, sua intuição cai muito facilmente na metafísica. Nós devemos falar tudo o que pensamos sobre a questão. Escrevi algo para a doutora Lutman-Kokoszyńska sobre isto. Quando você sustenta que é trivial dizer que falamos com a linguagem sobre a linguagem, então somente posso responder que uma parte essencial da ciência consiste em defender as trivialidades contra erros. Desde os princípios do Círculo de Viena, por exemplo, tenho lutado contra a tentativa de Wittgenstein de introduzir um tipo de "elucidações", baseadas em considerações quase não-linguísticas, ou pré-linguísticas—e, assim, "ilegítimas"—, para poder então falar da oposição entre "a" linguagem e "a" realidade, e desta forma falar de fora da linguagem [...] E na medida em que sua escolha terminológica sugere consequências objetáveis, ela talvez não tenha surgido independentemente destas consequências. Por um lado, enfatizamos que este conceito de verdade vale apenas para linguagens formalizadas. Por outro lado, o conceito de verdade é de interesse prático exatamente nos domínios nãoformalizados. Por esta razão, se não nos livramos simplesmente do termo, eu sou favorável à minha terminologia, pois ela permanece aplicável também em domínios não formalizáveis. Por contraste, a terminologia que você e Lutman usam leva a coisas ruins quando aplicada a domínios não formalizados (Neurath para Tarski, 24.iv.36, Neurath *Nachlaß*).

A citação mostra claramente que Neurath vislumbrava uma reinterpretação radical do termo "verdadeiro", talvez tão extrema que nem sequer poderia ser classificada como uma 'explicação' de seu significado. Em uma carta subsequente, Neurath fornece mais detalhes sobre as raízes vienenses (veja Frank, 1997) de sua objeção:

> Muito antes de fazermos contato com Varsóvia, havia uma discordância dentro do Círculo de Viena quanto à questão de se faz qualquer sentido comparar a linguagem com a "realidade" (por

exemplo, se a linguagem é mais ou menos complexa do que a realidade ou se ambas são igualmente complexas, e assim por diante) de uma posição, por assim falar, de fora da linguagem. A rejeição de proposições sobre "a" realidade se originou com Frank e, dentro do Círculo de Viena, principalmente de mim. A discussão estava conectada com outro debate sobre se "proposições sobre proposições" são significantes ou não. Wittgenstein, Schlick e outros—que, contudo, defendiam seu ponto de vista menos rigorosamente—e Waismann rejeitavam estritamente proposições sobre proposições, de modo que a discussão sobre proposições e realidade tinha que ser levada a cabo, por assim dizer, *fora* da linguagem, em termos de "clarificações" como "escadas" que, por assim dizer, jogaríamos fora posteriormente (Neurath para Tarski, 7.v.36, Neurath *Nachlaß*).

Para compreender ao que isto remonta, devemos retroceder um passo e ver alguns dos trabalhos prévios de Neurath e o debate sobre a natureza da verdade que dividiu o Círculo de Viena.

2.3. Neurath Contra a Ala Direita do Círculo

O *Tractatus* de Wittgenstein desempenhou um papel importante no desenvolvimento do Círculo de Viena. Quando perguntado por Tarski, em outubro de 1935 (veja a carta de Tarski para Neurath datada 7.ix.36), Carnap (como reportado por Tarski) caracterizou a influência wittgensteiniana como tanto estimulante quanto confinadora. Era estimulante na medida em que Wittgenstein chamou a atenção para a importância dos problemas relacionados à linguagem, i.e., a redutibilidade de problemas filosóficos a problemas linguísticos. Por outro lado, Wittgenstein questionou e rejeitou a possibilidade de falar sobre a linguagem de forma legítima. Em uma citação anterior de Neurath, já vimos como este segundo aspecto da posição de Wittgenstein era central para a discussão do Círculo de Viena, bem como o problema relacionado sobre a relação entre linguagem e realidade. Wittgenstein tinha essencialmente adotado uma teoria da verdade como correspondência,[11] na qual a verdade de um enunciado não tau-

---

[11]Para uma exposição da teoria de verdade de Wittgenstein no *Tractatus*, veja Newman (2002) e Glock (2006). Veja também Mulligan, Simons e Smith (1984).

tológico consistia nele ser uma figuração de um fato. Wittgenstein reconhecia como aceitável somente as sentenças lógicas (que são *sinnloss*, mas não *unsinnig*) e as sentenças da ciência. Assim, ele foi forçado a declarar mesmo as proposições do *Tractatus* como "explicações" ou "elucidações" que precisam ser jogadas fora após chegarmos ao entendimento do *Tractatus*, do mesmo modo que podemos jogar fora a escada após ter subido através dela (*Tractatus* 6.54). Neurath foi um oponente incansável destas teses wittgensteinianas. Um refrão constante em Neurath é sua rejeição de qualquer coisa que vá ao encontro do 'absoluto': o 'Mundo', a 'Verdade' etc. Em seu artigo de 1931, "Physicalism", Neurath ataca princípios centrais da concepção de Wittgenstein que também eram compartilhados por outros membros do Círculo de Viena, tais como Schlick e Waismann:

> Wittgenstein e outros, que admitem somente enunciados científicos como 'legítimos', todavia também reconhecem formulações 'não legítimas' como 'explanações' preparatórias que posteriormente não devem mais ser usadas dentro da ciência pura. No quadro destas explanações tenta-se também construir a linguagem científica com a ajuda de meios, por assim dizer, pré-linguísticos. Aqui também encontramos a tentativa de confrontar a linguagem com a realidade: usar a realidade para ver se a linguagem é útil. Algumas partes disto podem ser traduzidas na linguagem legítima da ciência, por exemplo, na medida em que a realidade é substituída pela totalidade dos outros enunciados com os quais o novo enunciado é confrontado (. . .) Mas muito do que Wittgenstein e outros dizem sobre elucidações e a confrontação da linguagem e realidade não pode ser mantido se a ciência unificada é construída desde o início sobre a base da linguagem científica; a própria linguagem científica é uma formação física, como um arranjo físico (um ornamento), ela pode ser discutida através da própria linguagem sem contradições (Neurath, 1931a:52–53).

Esta densa passagem contém muitos temas característicos de Neurath. A concepção da linguagem como uma formação física; a rejeição das 'elucidações' wittgensteinianas; a possibilidade de falar sobre (partes de) a linguagem dentro de uma (parte da) linguagem; a rejeição da comparação entre linguagem e realidade; a substituição de tal comparação por meio da confrontação de um grupo de enunciados com outros enunciados. Para Neurath, a ciência trata de fazer predições. No início desse processo encontram-se enunciados de observação (que mais tarde vieram a ser chamados de protocolos), por meio dos quais formulamos leis que, por sua vez, são instruções para realizar predições que podem ser testadas por enunciados de observação adicionais. O que é peculiar à posição de Neurath é a afirmação de que, mesmo no nível dos enunciados de observação, não comparamos os enunciados com a realidade. Antes, é sempre uma matéria de concordância e discordância entre um corpo de sentenças e a sentença a ser considerada:

> Assim, *enunciados são sempre comparados com enunciados*, certamente não com alguma realidade, nem com 'coisas', como o Círculo de Viena também pensava até agora. Este estágio preliminar possui alguns elementos idealistas e realistas; estes podem ser completamente eliminados se é feita a transição para a ciência pura unificada (...) Se um enunciado é feito, é para ser confrontado com a totalidade dos enunciados existentes. Se o enunciado concorda com eles, ele é adicionado, se não concorda, ele ou é chamado 'nãoverdadeiro' e é rejeitado, ou o complexo de enunciados da ciência existente é modificado assim que o novo enunciado pode ser incorporado, decisão esta que, na maioria das vezes, é tomada com hesitação. *Não pode haver outro conceito de verdade para a ciência* (Neurath 1931a:53).

Assim, na concepção de Neurath da verdade, não entra em questão comparar linguagem e realidade. Tudo é intralinguístico:

> A linguagem é essencial para a ciência; dentro da linguagem tomam lugar todas as transformações da ciência, não através da confrontação da linguagem com um 'mundo', uma totalidade de 'coisas' cuja variedade a linguagem deve refletir. Uma tentativa como esta seria metafísica. *A linguagem científica pode falar sobre si mesma, uma parte pode falar sobre outra*; é impossível retroceder para antes ou para trás da linguagem (Neurath, 1931a:54).

De acordo com este antiabsolutismo, Neurath nega que, ao lado da ciência, exista uma ciência "verdadeira":

> A ciência unificada formula enunciados, os altera, realiza predições; entretanto, ela não pode antecipar sua condição futura. Ao lado do presente sistema de enunciados não há, além disso, um *sistema 'verdadeiro' de enunciados*. Falar de tal sistema, mesmo como uma fronteira conceitual, não faz qualquer sentido (Neurath, 1931b:61).

A última citação vem de "Sociology and Physicalism", onde Neurath se detém nas mesmas afirmações do seu artigo previamente citado sobre fisicalismo. No mesmo tom que a citação previamente dada, Neurath observa:

> A ciência é, às vezes, discutida como um sistema de enunciados. *Enunciados são comparados com enunciados*, não com 'experiências', nem com um 'mundo' nem com qualquer outra coisa. Todas estas *duplicações* sem significado pertencem a uma metafísica mais ou menos refinada e, portanto, devem ser rejeitados. Cada novo enunciado é confrontado com a totalidade de enunciados existentes que já foram harmonizados uns com os outros. *Um enunciado é chamado correto se ele pode ser incorporado* nesta totalidade. O que não pode ser incorporado é rejeitado como incorreto (Neurath, 1931b:66).

Foi em "Protocol Sentences" (Neurath, 1932–33) que algumas das consequências implícitas das alegações de Neurath vieram totalmente à tona. Em particular, Neurath defende uma teoria antifundacionalista da ciência. Sentenças são checadas contra um corpo de sentenças em busca de concordância ou discordância. Quando é detectado um conflito, decide-se quanto ao que alterar. Nada é sacrossanto. Mesmo enunciados de observação, ou protocolos, podem ser postos de lado e, assim, todo enunciado da ciência é passível de revisão:

> Não há modo de estabelecer, de forma totalmente segura, enunciados claramente protocolares como ponto de partida das ciências. Não há tabula rasa. Somos como marinheiros que têm que reconstruir o navio em mar aberto, sem sequer sermos capazes de desmantelá-lo em terra firme e reconstruí-lo com o melhor de suas peças (Neurath, 1932–33:92).

> O destino de ser descartada pode suceder até mesmo a uma sentença protocolar. Não há *'noli me tangere'* para qualquer enunciado (Neurath, 1932–33:95).

Era devido a este quadro da ciência e a proposta radical para o uso de 'verdade' que o acompanha que Schlick atacou Neurath em 1934.

2.4. Schlick, Neurath, Hempel e o Debate sobre a Verdade no Neopositivismo

Schlick via a posição falibilista defendida por Neurath—e, em 1932, também por Carnap—como inaceitável, e publicou um forte ataque contra ela em 1934. Isto levou a réplicas da parte de Neurath e Hempel. Em Paris, em 1935, Carnap tentou reconciliar os dois campos, mas nenhuma unidade foi alcançada. Em 1935, Schlick retinha sua perspectiva fundacionalista. Carnap passou para seu estágio semântico e Neurath seguiu defendendo suas concepções na forma de um "enciclopedismo" (veja Uebel,1992).

O artigo de Schlick "On the Foundations of Knowledge" (1934) é uma refutação daquilo que o autor via como o relativismo de Neurath e Carnap. Contra a concepção dos protocolos como descrições de fatos empíricos especiais, que sempre podem ser revisados, se necessário, Schlick introduziu a noção de uma afirmação (*Konstatierung*). É através desta noção que Schlick pretendia recuperar o que via como a razão para introduzir sentenças protocolares em primeiro lugar, e ao fazê-lo ele esclareceu as conexões com o problema da verdade:

> O propósito [de introduzir protocolos] pode somente ser aquela da própria ciência, a saber, o de prover uma exposição verdadeira dos fatos. Nós pensamos que é autoevidente que o problema dos fundamentos de todo o conhecimento nada mais é do que a questão sobre o critério de verdade. O termo 'sentença protocolar' foi, indubitavelmente, primeiro introduzido de tal forma que ele possa escolher certas proposições cuja verdade nos permite, medir, como que através de um padrão, a verdade de todos os outros enunciados. Como consequência da concepção descrita, este padrão se tornou agora tão relativo quando, digamos, todos os padrões de medida na física. E esta concepção, com suas consequências, tem sido comentada, também, como um despejo da filosofia do último remanescente do 'absolutismo'.
>
> Mas então o que deixamos como um critério de verdade? Uma vez que não temos mais que todos os enunciados da ciência estão de acordo com um conjunto específico de proposições protocolares, mas antes que todas as proposições estão de acordo com todas as outras, onde cada uma é vista como, em princípio, corrigível, a verdade pode consistir somente na *concordância mútua das proposições umas com as outras* (Schlick, 1934:374).

Assim, Schlick prosseguiu caracterizando a posição de Neurath como uma 'teoria coerentista da verdade', em contraste com a antiga teoria da verdade como 'correspondência'. Contra Neurath, Schlick argumentou que o único significado possível que 'concordância' entre proposições pode ter em tal teoria é 'ausência de contradição'. Mas então qualquer estória ficcional que é coerente estaria tão correta quanto o conhecimento científico:

> Qualquer um que tome a coerência seriamente como o único critério de verdade deve considerar qualquer conto fabricado como sendo não menos verdadeiro do que um relato histórico ou do que as proposições em um manual de química, na medida em que o conto seja modelado de tal maneira que não contenha contradições (Schlick, 1934:376).

De acordo com Schlick, não é a consistência com qualquer tipo de enunciados que pode fornecer um critério de verdade, mas antes uma ausência de contradição com enunciados específicos. Estes enunciados são as 'afirmações' ('aqui e agora: assim e assim') e para este tipo de consistência, Schlick conclui, "não há nada que impeça (...) nosso uso da boa e velha frase 'concordância com a realidade'." Meu interesse aqui não é explicar o ponto de vista fundacionalista de Schlick, mas somente assinalar sua discordância com Neurath sobre o problema do critério de verdade e o fato de ele chamar a posição de Neurath de coerentista.

Neurath replicou a Schlick no artigo "Radical Physicalism and the 'real' world" (1934). Este artigo aborda vários pontos de discordância com Schlick. Dois deles são particularmente importantes para nosso entendimento da reação de Neurath à semântica tarskiana. O primeiro diz respeito à acusação de que o fisicalismo não possui um critério não ambíguo de verdade; o segundo é que ele não aborda a relação entre linguagem e realidade. Sobre ambos os pontos, Neurath clarificou e reiterou sua posição prévia. Concernente à verdade, ele sustentou novamente:

> Chamaremos um enunciado 'falso' se não pudermos estabelecer uma conformidade entre ele e o todo da estrutura da ciência; podemos também rejeitar uma sentença protocolar a não ser que prefiramos alterar a estrutura da ciência e transformá-la em um enunciado 'verdadeiro' (Neurath, 1934:102).

O segundo ponto concernia à comparação da linguagem com a realidade:

> A verificação de certos enunciados empíricos consiste em exami-
> nar se eles se conformam a certos enunciados protocolares; por-
> tanto, rejeitamos a expressão que um enunciado é comparado com
> a 'realidade', e ainda mais, uma vez que para nós 'realidade' é sub-
> stituída por muitas totalidades de enunciados que são consistentes
> com elas mesmas mas não entre si (Neurath, 1934:102).

Enquanto muito mais precisaria ser dito sobre as posições de Schlick e Neurath, o que dissemos ao menos fornece a natureza da oposição entre esses dois membros do Círculo de Viena. Final-mente, deve ser mencionado que essa parte do debate também incluía um artigo de Hempel e alguns outros itens de Schlick. Hempel ficou do lado de Neurath e Carnap contra Schlick e ele também caracterizou a posição de Neurath como um coer-entismo restrito e definiu esta concepção de verdade como "uma concordância suficiente entre o sistema de sentenças protocolares reconhecidas e as consequências lógicas que podem ser deduzi-das do enunciado e de outros enunciados que já são adotados" (Hempel, 1935:54).

Schlick respondeu com o artigo "Facts and Propositions" (1935) e defendeu sua abordagem à noção de verdade como uma comparação entre fatos e proposições, discutindo o exemplo de checar um enunciado em um guia de viagem contra os fatos:

> O que poderiam expressar os enunciados a não ser fatos? (. . .)
> dizer que certas marcas negras em meu *Baedecker* expressam o
> fato de que uma certa catedral tem dois pináculos é uma asserção
> empírica perfeitamente legítima (Schlick, 1935:402).

Ele admitiu que, às vezes, comparamos uma sentença com outra sentença, mas que existem também casos onde "uma sen-tença é comparada com a coisa sobre a qual ela fala" (401). Por contraste, a réplica de Hempel reafirmava que a fala de Schlick sobre comparar um enunciado de um guia de viagem com a realidade simplesmente remontava à comparação de dois enun-ciados, i.e., o enunciado no guia de viagem e o enunciado expres-sando "o resultado (não o ato!) de contar pináculos" (Hempel, 1935:94). Neurath, como veremos, rejeitou fortemente sua classificação como um teórico coerentista tanto em textos impressos quanto em sua correspondência.

Para tornar claro que Neurath não estava simplesmente contrapondo uma teoria "coerentista" da verdade com uma teoria "correspondentista", pode ser útil dizer algo mais sobre as razões que o levavam a negar que sustentava tal teoria. Este é um tema ainda relevante, pois uma parte da literatura secundária ainda afirma que Neurath defendia uma teoria da verdade como coerência. A despeito do fato de que foi Schlick quem categorizou Neurath como um coerentista, o próprio Schlick sabia que Neurath não defendia uma teoria deste tipo. Na resposta a uma carta de Carnap, onde Carnap assinalou que Neurath não aceita uma teoria coerentista da verdade, Schlick escreveu (em 5 de junho de 1934):

> Eu nunca duvidei de que ele se recusaria a ser tomado como um seguidor da teoria coerentista usual. Entretanto, eu apenas pretendia dizer que a teoria coerentista se segue de suas afirmações, se as tomarmos seriamente. Eu assumi que isto não está nem mesmo claro para ele próprio, pois seus pensamentos também não estão claros (RC 029-28-10).

Neurath ficou enfurecido ao ser chamado de coerentista. Ele tocou neste tópico com muitos correspondentes, incluindo Carnap (15.xi.35 (observações sobre uma versão preliminar de *Wahrheit und Bewährung* [RC 110-02-01]), 23.xii.35, 27.i.36), Hempel (11.iii.35, 18.ii.35, 25.xi.35, 25.iii.35, 12.xii.35), Kokoszyńska (8.iv.36, 23.iv.36, 3.vi.36), Nagel (26.ii.35), Neider (2.iv.35) e Stebbing (9.iii.35). Permita-me citar uma carta a Stebbing (escrita em um inglês descompromissado), onde Neurath está expressando seus pensamentos em preparação ao congresso de Paris:

> Os senhores Schlick e Hempel usam o nome "teoria coerentista" (...) Tudo bem—*mas temo* que para os leitores ingleses este termo resulte em associações psicológicas que fazem conexão com o Idealismo moderno na Inglaterra... O termo "teoria coerentista" me parece ser mais usado por metafísicos do que por cientistas. Não é? Se eu conheço o suficiente de Bradley, Joachim, etc, é a base: a "coerência" do sistema total (um sujeito adaptado ao bem conhecido espírito de Laplace). E se eu compreendo corretamente, todo enunciado está mais ou menos em proporção com

a quantidade de coerência total, que é inerente no enunciado em particular. Isto significa: a teoria da coerência do Idealismo inglês moderno me parece fundada no absolutismo da coerência-total-do-mundo. Mas minha tese é diretamente *contrária* a tal absolutismo e favorável ao relativismo. A ciência é uma parcela dos enunciados sem contradição e é fundada nos enunciados protocolares. É possível fazer variações de todos os enunciados, trazer novos enunciados, reduzir os enunciados. E não temos uma abordagem para um *sistema absoluto de coerência*/o quase único mundo correto/ como o juiz superior. E se percebemos que não podemos confrontar *nossa* parcela de enunciados com este *sistema total e ideal de coerência*, o filósofo idealista deve fazer como Joachim e usar o enunciado singular, e o porto seguro para o homem da totalidade-coerência é—assim me parece—a correspondência. Isto significa que, para um filósofo idealista deste tipo, a teoria da "correspondência" é muito *relativa* e a teoria da "coerência" é o tipo ideal de uma teoria absoluta. Mas para nós é a teoria da correspondência/com Enunciados-Átomos e assim por diante/ que é uma forma de absolutismo e a teoria do "fisicalismo radical" é uma forma de relativismo (...) Desculpe-me por discorrer sobre terminologia, mas desejo coletar termos para Paris (Neurath para Stebbing, 9 de março de 1935).

Além disso, Neurath objeta ao fato de que "teoria coerentista" é muito fortemente associada na literatura com o neoidealismo e, assim, com um absolutismo que ele sempre rejeitou. Posteriormente, Neurath escreveu para Carnap:

Nunca afirmei que a verdade consiste na concordância entre proposições, mas somente que consiste na concordância com uma coleção preferida de proposições. Esta "preferência" contém todos aqueles elementos que são essenciais para uma concepção "realista" (RC 102-50-01, 23.xii.35).

Entretanto, Neurath também rejeitaria uma teoria coerentista no sentido de que uma mera consistência de um conjunto de sentenças seria o suficiente para considerar tal conjunto verdadeiro. Sua ênfase na classe "preferida" de enunciados assinala uma condição adicional determinada por fatores pragmáticos. Note também como as afirmações de Neurath sobre 'verdade' podem ser, às vezes, postas de tal modo que ele pareça fornecer uma teoria da verdade antes de uma proposta para um uso totalmente diferente do termo.

Passemos, agora, para o uso de Carnap da teoria tarskiana como um meio possível de fazer a paz entre Neurath e Schlick.

2.5. De Volta ao Congresso de Paris

Tarski, de fato, não forneceu todos os detalhes de sua teoria da verdade no congresso de Paris, porém, ele enfatizou os aspectos mais gerais de sua estratégia. Centrais para a caracterização informal de Tarski eram as formulações do projeto fadadas a incomodar Neurath. Considere, por exemplo, a definição de semântica:

> A palavra semântica é usada aqui em um sentido mais estrito do que o usual. Entenderemos por semântica a totalidade de considerações pertinentes àqueles conceitos que, grossamente falando, expressam certas relações entre expressões da linguagem e os objetos ou estados de coisas referidos por estas expressões. Como exemplos típicos de conceitos semânticos, podemos mencionar os conceitos de denotação, satisfação e definição (...) (Tarski, 1936:401).

Sobre a noção de verdade, Tarski afirma:

> O conceito de verdade também—e isto não é usualmente reconhecido—deve ser incluído aqui, ao menos em sua interpretação clássica, de acordo com a qual 'verdadeiro' significa o mesmo que 'corresponder à realidade' (Tarski, 1936:401).

Após ter realizado todo o trabalho de pano de fundo, podemos esclarecer melhor o que está em questão (ao menos para Neurath) nesta sentença. O conceito de verdade buscado por Tarski certamente não é aquele proposto por Neurath, mas antes é aquele correspondente à concepção clássica. Não é nada surpreendente, assim, que o trabalho de Tarski pudesse ser interpretado, entre outras coisas, como uma reivindicação da posição de Schlick no debate sobre enunciados protocolares.[12] Em adição

---

[12]Por exemplo, na introdução—não assinada—a Neurath (1935), Rougier contrapõe em uma nota as posições de Carnap e Neurath (ele também adiciona Popper, Poznanski e Wunderheiler [1934]) com aquela defendida por Schlick, Tarski e Lutman-Kokoszyńska (veja Neurath, 1935:5). Veja também o comentário reportado por Neurath (1936:400), onde Rougier concebe a teoria de Tarski como uma reivindicação da posição de Schlick de que sentenças e realidade podem ser comparadas em busca da concordância.

a Tarski, Kokoszyńska também apresentou um artigo—"Syntax, Semantik und Wissenschaftslogik"—que certamente perturbou as tendências antiabsolutistas de Neurath. Argumentando pela necessidade de estender a sintaxe carnapiana para a semântica tarskiana na análise da ciência, Kokoszyńska usou como exemplo "o conceito absoluto de verdade":

> Há tempos, o conceito clássico de verdade, de acordo com o qual a verdade de uma proposição consiste—como costumamos dizer— em sua concordância com a realidade, tem sido chamado de a concepção absoluta de verdade. Esta concepção de verdade, como é bem sabido, é chamada de teoria da correspondência. Esta teoria deve ser contrastada com a teoria coerentista da verdade, de acordo com a qual a verdade de uma proposição consiste em certa concordância com outras proposições. Nos últimos anos, alguns positivistas lógicos realizaram uma transição de uma teoria da verdade como correspondência para uma teoria coerentista da verdade. Nesta transição, encontramos a expressão tanto da convicção de que a concepção absoluta da verdade é um conceito não-científico que deve ser excluído da investigação filosófica, quanto, como parece ser o caso, a opinião de que ele pode ser substituído por um conceito sintático com a mesma extensão e assim pode ser definido na linguagem da sintaxe. (Kokoszyńska 1936a, p. 11)

Ela então seguiu alegando que as investigações de Tarski tinham mostrado como tratar cientificamente a concepção absoluta de verdade. Assim, a noção de 'verdade absoluta', que, previamente, havia sido tomada como metafísica, poderia agora ser vista como parte da lógica da ciência na fase pós-sintaxe. Como uma consequência, problemas como "como é o mundo real?" podem ser mostrados como não sendo mais pseudoproblemas, mas sim passíveis de análise científica (p. 13). Podemos ver porque Neurath sentiu que a semântica tarskiana poderia terminar reavivando questões metafísicas que ele tinha tentado descartar de uma vez por todas como pseudoproblemas. Além do mais, ele se viu classificado como um teórico coerentista, algo que, como vimos, o irritava profundamente.[13] Entretanto, em sua longa resenha do encontro de Paris escrita para os leitores da *Erkenntnis*,

---

[13]Neurath não obteve sucesso em alterar esta percepção já difundida. De fato, Russell (1940) afirmava espirituosamente que, de acordo com a concepção de Neurath, "a verdade empírica pode ser determinada pela polícia". Bounjour (1985:213) atribui a Neurath uma noção de coerência como mera consistência.

Neurath reporta sobre a discussão que se seguiu às palestras de Tarski e Kokoszyńska, e, embora exponha várias objeções, muitas das quais devidas a ele, corretamente afirma que a maioria das pessoas concordou com as palestras.

Um desenvolvimento importante que ocorreu durante o encontro se deveu a aplicação carnapiana da teoria de Tarski ao debate acerca dos enunciados protocolares. Carnap começou sua palestra "Truth and Confirmation" distinguindo nitidamente duas noções:

> A diferença entre os conceitos 'verdadeiro' e 'confirmado' ('verificado', cientificamente 'aceito') é importante e ainda não é suficientemente reconhecida. 'Verdadeiro', em seu significado comum, é um termo independente de tempo, i.e., ele é empregado sem uma especificação temporal. Por exemplo, não podemos dizer que "tal-e-tal enunciado é verdadeiro hoje (foi verdadeiro ontem; será verdadeiro amanhã)", mas somente "o enunciado é verdadeiro". "Confirmado", entretanto, é dependente do tempo. Quando dizemos "tal-e-tal enunciado é confirmado por uma grande quantia de observações" então devemos acrescentar "em tal-e-tal instante de tempo." (Carnap, 1936:18; tradução inglesa em Uebel, 1992:198).

Carnap diagnosticou a fonte do equívoco entre os dois termos no receio que os lógicos tinham sobre o conceito de verdade, receio este devido às antinomias que emergiram de seu uso irrestrito, o que levou a que se evitasse o conceito. Em uma interessante carta a Kokoszyńska, Carnap reflete sobre a situação após o aparecimento dos resultados de Tarski:

> Após ler parcialmente as versões preliminares do artigo de Tarski e ver que ele fornece uma definição totalmente correta do conceito de verdade, eu concordo completamente com você que "verdadeiro" e os outros conceitos relacionados a ele devem ser vistos como cientificamente corretos. Meu ceticismo inicial, e também aquele de outras pessoas, a respeito deste conceito era, de fato, historicamente justificado, uma vez que não era conhecida nenhuma definição que era, por um lado, formalmente correta e, por outro lado, evitava as antinomias. E a teoria que emprega estes conceitos, a "semântica", no sentido de Tarski, me parecia ser um domínio científico importante. Considero que Tarski muito merecidamente tenha aberto este novo domínio (Carnap para Lutman-Kokoszyńska, 19 de julho de 1935).

Essa era, então, segundo Carnap, a razão histórica para o uso incorreto do termo "verdadeiro" no lugar de "confirmado". Tal uso, de fato, entrava em conflito com o uso comum, de acordo com o qual qualquer sentença declarativa é ou verdadeira ou falsa, algo que não é o caso para o conceito de confirmação. Carnap, em sua palestra, assinala então a nova situação criada pela definição tarskiana de verdade, que torna possível, sob certas restrições, usar consistentemente o adjetivo "verdadeiro". Como consequência:

> O termo "verdadeiro" não deve mais ser usado no sentido de "confirmado". Não devemos esperar que a definição de verdade forneça um critério de confirmação tal como ele é pensado na análise epistemológica (Carnap, 1936:19; tradução inglesa em Uebel, 1992:198).

Usando estas distinções, Carnap esboçou os princípios essenciais de uma teoria da confirmação distinguindo entre confirmação direta, obtida ao se confrontar um enunciado com observações, e confirmação indireta, obtida confrontando sentenças com sentenças. E, embora tenha apontado o perigo envolvido na fala sobre 'comparação' entre sentenças e fatos, ele também permitiu como não objetável a ideia de que sentenças podem ser confrontadas com observações, atingindo, com isto, um meio termo entre Neurath e Schlick (para mais detalhes, veja Uebel, 1992).

A versão publicada da fala de Carnap foi, de fato, o tema da correspondência entre Neurath e Carnap. Neurath pediu para Carnap apresentar sua concepção de verdade como uma "proposta", mas Carnap recusou. Carnap decidiu também apresentar somente seu ponto de vista, sem tentar caracterizar o debate prévio, pois estava convencido de que não poderia fazê-lo "sem decepcionar ambos [Neurath e Schlick]" (carta de 4 de dezembro de 1935). Neurath, em uma tentativa final desesperada, replicou usando "táticas de intimidação":

> Você logo verá o quanto é questionável: 1. Que sejamos tachados de teóricos coerentistas (. . .); e 2. Que as considerações de Tarski e Lutman, que são certamente valiosas, circulem com o rótulo "verdadeiro". Se você ainda puder, deve escolher um novo nome para ela. Não posso conceber este termo como contribuindo para

a clarificação, pelo contrário, ele constantemente criará confusão (...). Eu somente quero dizer isto novamente e duramente pois acho sofrível, por exemplo, o que Rougier afirmou na conclusão sobre a mudança na linha de demarcação a favor da metafísica (Neurath para Carnap, 8 de dezembro de 1935).[14]

Carnap não foi dissuadido de suas escolhas terminológicas concernentes a "verdadeiro", embora tenha concordado com a crítica de Neurath à terminologia de Kokoszyńska de "verdade absoluta" (Carnap para Neurath, 27.i.36).

Finalmente, retornamos a Tarski e Neurath.

2.6. A Réplica de Tarski a Neurath

Com um melhor entendimento do pano de fundo de Neurath, podemos retornar à replica de Tarski. Em sua carta datada 28.iv.36, Tarski respondeu aos comentários de Neurath do seguinte modo:

> Eu concordo completamente que "defender as trivialidades contra erros" é uma tarefa importante da ciência. Exatamente por esta razão, salientei muitas vezes que devemos sempre falar em uma linguagem sobre outra linguagem—e não de fora da linguagem (de um ponto de vista redutivo, toda minha semântica deve ser vista como uma trivialidade, isto não me incomoda nem um pouco). Parece-me ser um grande erro quando Wittgenstein, Schlick etc. falam "da" linguagem no lugar das (de um número de) linguagens. Esta pode ser a fonte da "metafísica" de Wittgenstein. Incidentalmente, todos aqueles que falam sobre a linguagem unificada da ciência com o slogan "Unidade da Ciência" [Einheitswissenschaft] me parecem cometer o mesmo erro. Nós todos sabemos—devido a argumentos a partir da sintaxe e da semântica—que, estritamente falando, não existe nenhuma linguagem unificada [Einheitssprache] na qual a ciência como um todo pode ser expressa. Não é o suficiente dizer que esta é apenas uma formulação imprecisa e temporária, pois qual, então, deve ser a formulação final e precisa? Kokoszyńska recentemente deu uma palestra sobre o problema da Ciência Unificada para a sociedade filosófica local e sujeitou este ponto a críticas; um artigo dela sobre o assunto está pronto para publicação em polonês (Tarski para Neurath, 28 de abril de 1936).

---

[14]Sobre o comentário de Rougier, veja Neurath 1936, p. 401.

Aqui é interessante observar que Tarski chamou a atenção para o perigo de falar de uma única linguagem da ciência já em Paris em 1935 (veja Neurath, 1936:401). O ponto de Tarski é bastante simples. Uma vez que a linguagem universal da ciência teria que ser semanticamente fechada, ela acabaria sendo inconsistente. Assim, devemos falar sobre linguagens (no plural), e não sobre uma única linguagem. O argumento foi posteriormente desenvolvido extensamente por Kokoszyńska em seu "*Bemerkungen über die Einheitswissenschaften*" (1937) que, ao que tudo indica, é a versão impressa da palestra referida por Tarski na citação anterior. Tarski prossegue:

> Agora, na medida em que minha "escolha terminológica" está concernida, posso lhe assegurar, primeiro, que ela veio de maneira completamente independente da metafísica de Wittgenstein e, segundo, que ela não é, de modo algum, uma "escolha". O problema da verdade aparece com muita frequência, especialmente na literatura filosófica polonesa. Nós estávamos constantemente nos perguntando (veja, por exemplo, os "Elementos", de Kotarbiński) se era possível definir e aplicar o conceito de verdade de modo não objetável, usando tais e tais propriedades (que detalhei em meu trabalho posterior). Eu simplesmente forneci uma solução positiva para este problema e percebi que esta solução pode ser estendida para outros conceitos semânticos. Como você, estou certo de que isto será usado de forma errada, que muitos filósofos irão "superinterpretar" este resultado puramente lógico de um modo inaceitável. Tal é o destino comum tanto das pequenas quanto das grandes descobertas no domínio das ciências exatas (às vezes, comparamos os filósofos às "hienas do campo de batalha" (Tarski para Neurath, 28 de abril de 1936).

Concernente a sua relação com a metafísica, aqui está o que ele tinha a dizer:

> Mas devo confessar a você que mesmo que eu não subestime sua batalha contra a metafísica (ainda mais de um ponto de vista social do que de um ponto de vista científico), eu pessoalmente não vivo em um constante pânico da metafísica. Como me recordo, Menger certa vez escreveu algo espirituoso sobre o medo das antinomias, e me parece que podemos aplicá-lo também—*mutatis mutandis*—ao medo da metafísica. É uma tarefa impossível tomar constante cuidado contra a metafísica. Isto tudo se tornou claro para mim quanto ouvi, aqui em casa, vários ataques contra a metafísica do Círculo de Viena (a saber, ataques indo em sua direção e na de

Carnap), quando, por exemplo, Łukasiewicz fala, com respeito
à "Sintaxe Lógica", sobre a filosofia, o filosofar etc. de Carnap
(vindo da boca dele, isso possui grossamente o mesmo sentido
que "metafísica" na sua). Aquilo pelo qual você me culpa por
conta do conceito de verdade, nós culpamos Carnap por conta
da introdução dos termos 'analítico', 'sintético' etc. ('regressão à
metafísica kantiana'). Parece-me que estou ainda mais justificado
do que Carnap em designar como verdade o conceito que discuto.
Em geral, é uma tarefa valiosa encher velhas garrafas com vinho
novo (Tarski para Neurath, 28 de abril de 1936).

Finalmente, Tarski assinala que, para ser coerente, Neurath
teria que criticar todos os conceitos formalmente definidos que
são centrais para a sintaxe e para a semântica (assim, a maioria daqueles encontrados em *A Sintaxe Lógica da Linguagem*, de
Carnap):

Outro ponto a respeito disto: meu conceito de verdade, você
afirma, vale somente em linguagens formalizadas. Mas, pelo
contrário, o conceito de verdade é de significância prática precisamente nos domínios não formalizados. Podemos estender isso,
literalmente, a todos os conceitos precisos da sintaxe e da semântica (consequência, conteúdo, conceitos lógicos e descritivos etc.):
todos estes conceitos somente podem ser relacionados aproxi-
madamente a linguagens não formalizadas (assim, às linguagens
reais de todas as ciências não formais [*Realwissenschaften*]): a verdade não é exceção (Tarski para Neurath, 28 de abril de 1936).

O restante da correspondência não acrescenta muito a este
quadro, e já citei na segunda seção algumas páginas de uma
discussão posterior. Neurath, entretanto, seguiria a discussão
com Lutman-Kokoszyńska, e nós, agora, voltamos nossa atenção
para esta parte do debate.

2.7. Neurath e Kokoszyńska

Permita-me relembrar que, no congresso de Paris, Kokoszyńska
apresentou um artigo sobre questões concernentes à semântica,
intitulado "Syntax, Semantik und Wissenschaftslogik". Durante
este encontro, ela participou das vívidas discussões sobre o conceito de verdade (basicamente se posicionando do lado de Tarski),

e isso levou a uma extensa correspondência com Neurath. A correspondência entre Neurath e Kokoszyńska contém 19 cartas de
Kokoszyńska e 14 cartas de Neurath. Como uma consequência
das discussões de Paris, Kokoszyńska prometeu enviar a Neurath
algumas reflexões sobre a viabilidade de uma definição 'sociológica' de verdade (seu próprio termo), que é como nomeou a posição
de Neurath, como oposta a uma teoria coerentista da verdade. Ela
fez esta distinção pressionada por Neurath, que, como vimos, se
recusava a ser classificado como um coerentista. Ela, aparentemente, enviou seus comentários na forma de um curto ensaio
(que não consegui localizar), que acompanhou a carta datada
22.iii.1936. Reunimos o conteúdo desse ensaio tanto a partir da
réplica de Neurath quanto a partir das cartas de Kokoszyńska.
Um argumento central contra a teoria sociológica da verdade era
o seguinte: Se consideramos como um requerimento de qualquer
teoria da verdade que ela permita a derivação das instâncias do
esquema "'p' é verdadeira se e somente se p", então a teoria sociológica daria surgimento a "'p' é reconhecida se e somente se p".
Nisto, contudo, está o absurdo da proposta, pois, do fato de que
um enunciado 'p' é reconhecido, poderíamos então concluir que
p, e de p que 'p' é reconhecido. Em ambas as direções, obtemos
inumeráveis contraexemplos.

Neurath replicou com uma carta (datada 23.iv.36) contendo
três densas páginas de comentários. A carta de Neurath é um comentário ponto por ponto do ensaio de Kokoszyńska e se divide
em quatro partes: 1. uso linguístico; 2. teoria coerentista; 3. teoria
da verdade como "reconhecimento" [*Anerkennung*] (definição sociológica); e 4. perigos da concepção da verdade Tarski-Lutman.

A primeira parte da carta assinala diferentes usos da palavra
'verdade' na linguagem natural e se refere ao trabalho empírico de
Arne Naess sobre a questão.[15] Isto pretendia enfraquecer a ideia
de que a concepção "semântica" capturava, mais adequadamente

---

[15]O apelo ao trabalho de Naess também se encontra em uma carta de Neurath
para Tarski datada de 27 de maio de 1937: "Já havia mencionado que as minhas
preocupações com a semântica dizem respeito apenas às questões que entram em
questão no empirismo. Acredito que, se você tratar da noção de verdade de Kotarbiński,
Lutman fala de um conceito comum de verdade, pouca precaução é tomada para
alcançar a viva discussão, porque há muitas concepções da verdade, como NESS [sic]
constatou." Sobre o trabalho de Naess, veja Naess, 1936 e 1938.

do que a teoria sociológica proposta por Neurath, algum tipo de conceito comum de verdade. Neurath observa que, em diferentes círculos, com diferentes práticas linguísticas, o que decide a partição entre "verdadeiro" e "falso" depende de um critério [*Instanz*] com relação ao qual a partição é decidida. Na maioria dos casos este critério se mostra metafísico e em desarmonia com o empirismo. No caso desta proposta, o critério é empiricamente dado, na medida em que consiste de sentenças aceitas por um grupo específico de seres humanos em um dado momento. A segunda parte da carta questiona se, de fato, existe alguém que defenda uma teoria da verdade como coerência como definida por Schlick e Kokoszyńska. Na mesma seção, Neurath fornece um panorama de como o problema da verdade se originou no Círculo de Viena e foi abordado em conexão com o debate sobre os enunciados protocolares. Na terceira parte, Neurath reitera sua posição de que um enunciado deve ser chamado de verdadeiro se reconhecido em um determinado momento de tempo por certo grupo de pessoas sob certas circunstâncias. As objeções a Tarski e Kokoszyńska repetem a afirmação geral sobre os perigos metafísicos da concepção. Em particular, Neurath objetou que o ponto de partida da concepção tarskiana é um apelo ao uso comum, mas, ao mesmo tempo, o âmbito de validade da teoria é limitado a linguagens formais e, portanto, ela não pode ser aplicada à linguagem natural; entretanto, estas restrições não serão observadas, ou assim conjectura Neurath, e isto levará a abusos metafísicos da teoria de Tarski. Finalmente, Neurath objetou a certas formulações de Tarski e Kokoszyńska, tais como, por exemplo, "uma proposição pode ser reconhecida mesmo que não valha" ou "pode existir vida em Vênus mesmo que o homem não a experiencie". Contra este tipo de fala, Neurath afirma que ele "não pensa ser capaz de incluí-las no corpo total da ciência". A validade [*zutreffen*] de um enunciado, de acordo com Neurath, somente pode ser uma questão de ele ser reconhecido por alguém. Não aceitar isso remonta a cair na metafísica. Em seu sumário dos principais pontos da carta, Neurath escreve:

> A definição "sociológica" de verdade pode ser sustentada, e certas proposições podem assim ser caracterizadas como verdadeiras "agora" neste sentido. A definição "sociológica" de verdade

corresponde a certos elementos da concepção tradicional. A definição Tarski-Lutman não corresponde ao uso comum em qualquer modo privilegiado (questão histórica). A definição Tarski-Lutman é aplicável somente a linguagens formalizadas. A terminologia Tarski-Lutman nos seduz a aplicá-la a linguagens não formalizadas e a interpretá-la de uma maneira absoluta. As explanações justificatórias de Tarski e Lutman sobre "reconhecer mas não valer" imediatamente parecem implicar elementos absolutistas e não parecem aplicáveis no todo da ciência, nem de acordo com a concepção de Neurath (Carnap, Hempel, e assim por diante), nem mesmo e acordo com a própria concepção expressa alhures por Tarski e Lutman (Neurath para Kokoszyńska, 23.iv.36, Neurath *Nachlaß*).

Em sua réplica, Kokoszyńska afirma explicitamente que não pode conceber como uma teoria da verdade qualquer teoria que não possa provar (todas as instâncias de) o esquema *T*. Esta é a razão pela qual rejeita a teoria 'sociológica' como uma teoria da verdade. Concernente ao domínio de aplicabilidade limitado da teoria de Tarski, Kokoszyńska observou que a ciência natural pode ser formalizada (digamos, como na linguagem II de Carnap) e, assim, a definição de Tarski poderia ser aplicada imediatamente. Contudo, sobre este ponto, Kokoszyńska subestimou as origens das objeções de Neurath que repousavam sobre a ideia de que a ciência natural é expressa, em grande parte, através da linguagem natural e apresenta conceitos vagos [*Ballungen*] que tornam a formalização impossível. Este aspecto do pensamento de Neurath pode ser retraçado ao seu anticartesianismo (veja Mormann, 1999).

Não seguirei em mais detalhes as cartas restantes, exceto para salientar uma tendência constante da parte de Neurath de forçar Kokoszyńska a afirmar (especialmente através da sugestão de revisões ao seu artigo para ser publicado na *Erkenntnis*) que não havia contradição entre suas concepções e aquelas defendidas por Tarski e Kokoszyńska. Eventualmente, Kokoszyńska reagiu firmemente contra esta tentativa e escreveu o seguinte (6.ix.36):

Do modo como lhe compreendo, você quer que eu descreva a situação como se não houvesse contradição entre a posição que você defendeu até o momento concernente ao conceito clássico de verdade e os pensamentos contidos em meus comentários na *Erkenntnis*. Mas tal contradição existe, afinal de contas. A questão é se podemos usar confiavelmente um conceito que, por assim dizer, envolve falar de uma "concordância com a realidade". Você tem, em alguma medida, rejeitado completamente este conceito, pois pensa que a determinação de tal "concordância" demandaria que fôssemos para além do sistema de referência da linguagem— o que é impossível –, e você tem tentado,de certo modo, substituir este conceito por um conceito sociológico-sintático. Parece-me, agora, a partir das investigações de Tarski, que nós podemos falar de uma "concordância entre sentenças e realidade"—e, portanto, considerá-la dentro da linguagem—ao apontar proposições nas quais não somente ocorrem nomes de proposições, mas também nomes de outras coisas. Você não tem nada a objetar contra a postulação de tais proposições—o que o afeta, principalmente–, exceto que elas não são necessárias nas ciências empíricas. Assim, ocorre que podemos tratar adequadamente, e de forma precisa, com os conceitos que você, até agora, rejeitou. A contradição mencionada acima parece estar nisso (Kokoszyńska para Neurath, 6.ix.36, Neurath *Nachlaß*).

Kokoszyńska concluiu dizendo que Neurath possuía apenas observações céticas impressas sobre a concepção clássica de verdade, mas que nunca havia tratado do tópico exaustivamente e publicamente. Sua intenção, ao se corresponder com Neurath, era pôr limites a tal ceticismo.

A correspondência com Kokoszyńska é muito extensa e, da parte de Neurath, frequentemente repetitiva. Não obstante, ela fornece um olhar detalhado sobre um conjunto de questões que estava motivando Neurath e, ao mesmo tempo, frustrava o leitor devido à falta de uma articulação clara das razões de Neurath em sua crítica da teoria da verdade. Ele não objetou formalmente à teoria nem à sua aplicação em linguagens formalizadas. Ele viu o perigo de uma possível má aplicação da teoria da verdade pela extensão de seus limites de aplicação, dando surgimento a uma pseudofala metafísica sobre comparação entre linguagem e realidade. Contudo, enquanto Neurath estava focando sobre estes possíveis perigos, ele não atentou para o perigo oposto, que consistia em usar a palavra "verdade" para falar sobre "reconhecimento", certamente um movimento um tanto não intuitivo do ponto de vista do uso comum da expressão "verdadeiro". O capítulo final desta história que quero considerar é uma reunião privada sobre semântica na qual Carnap e Neurath estavam em campos opostos, durante o *"Congrès Descartes"* de 1937, em Paris.

2.8. Neurath vs. Carnap: Paris, 1937

Os arquivos sobre Neurath e Carnap contêm dois documentos
que, tomados juntos, marcam um ponto culminante do debate
sobre semântica dentro do Círculo de Viena.[16] Na ocasião do
Congrès Descartes (Paris, 1937), Carnap e Neurath, entre outros, se
encontraram para uma discussão privada sobre semântica. Entre
os convidados estavam Tarski e Kokoszyńska.[17] Tanto Carnap
quanto Neurath apresentaram contribuições escritas. O artigo
de Neurath tinha o título "The concept of truth and empiricism"
(1937a), e o de Carnap intitulava-se "The semantical concept of
truth" (1937).

A contribuição de Neurath possuía dez páginas e era datada
de 12 de julho de 1937. Ele começa reconhecendo que deveria
ter esclarecido, já em seu artigo de 1931 sobre fisicalismo, da revista *Scientia*, que ele apenas pretendia apresentar propostas, e
não dogmas. Por outro lado, alega ter individuado claramente,
diferentemente dos outros oponentes, o verdadeiro oponente, i.e.,
Wittgenstein e aqueles próximos a ele. Sua proposta, então, é de-
limitar o tema da investigação "onde constantemente comparamos sentenças com sentenças, investigamos sua extensão lógica e
sua posição sistemática etc. Se analisamos a ciência deste modo,
então engajamos naquilo que Carnap chamou de a lógica da ciência". A proposta de Neurath é ver "o quanto pode ser feito *dentro*
da lógica da ciência" (Neurath, 1937a:1).

Neurath procede então retomando a origem do debate sobre
verdade com o qual já estamos familiarizados, incluindo as teses
de Wittgenstein sobre a comparação entre linguagem e "a" realidade e a ideia de que a verificação consiste em uma referência ao
dado. Contra isso, Neurath havia sugerido que tanto sentenças

---

[16]Além de Carnap (1937) e Neurath (1937a), existem três artigos adicionais de Neurath em seu *Nachlaß*, intitulados respectivamente, "Fuer Privatsitzung, 30 Juli 1937"
(1937b); "Diskussion Paris 1937 Neurath-Carnap" (1937c); "Bemerkungen zur Privatdiskussion" (1937d), classificados como K.31, K.32 e K.33.

[17]Tarski fala positivamente sobre a discussão em uma carta a Popper datada 4.x.37
(Correspondência Popper-Tarski, Hoover Institution, Stanford, caixa número 354,
Folder ID:8).

quanto fatos (ou estados de coisas) eram tipos de objetos, objetos do tipo sentencial e objetos do tipo não sentencial. Com a ajuda de novas sentenças, poderíamos agora falar sobre estas sentenças e não sentenças e, assim, confrontar sentenças sobre sentenças e sentenças sobre não sentenças.

É o objetivo da lógica da ciência investigar as relações lógicas, entre, além de outras coisas, sentenças reais. Suponha que queiramos estudar as relações entre teoria e experimento em termos comportamentais. Isto normalmente se refere à atividade dos cientistas, primeiro com relação ao aparato experimental e então em suas formulações teóricas. A lógica da ciência, acrescenta Neurath, usa o seguinte truque: expressa, o resultado do trabalho experimental por meio de uma sentença observacional, digamos, "no local A o gelo derrete em $-3°$". Isto, então, é comparado com um enunciado teórico, por exemplo, "o gelo derrete em temperaturas superiores a $0°$". A partir disso, investiga-se o quão incoerente com uma dada classe de enunciados seria usar ambas as sentenças simultaneamente. É deste modo que nos afastamos de uma fala sobre a comparação entre 'linguagem' e 'realidade' ou entre 'pensamento' e 'ser'.

Neurath sugere, então, aplicar o 'truque' à semântica. Isto, alega, ele mesmo já havia sugerido em 1935, no encontro anterior em Paris, mas sem encontrar quem aderisse à ideia. Carnap e Hempel seguiram com as formulações de Tarski e Kokoszyńska, que, adiciona Neurath, "podem se tornar perigosas para o empirismo". Ele prossegue formulando sua proposta em termos da "teoria do reconhecimento": suponha que nos seja dada uma sentença da Enciclopédia que descreve (estruturalmente) uma sentença—digamos, "neva" –, descrevendo as letras que a compõem. Esta expressão, então, é chamada de "sentença verdadeira" se e somente se me é dada uma sentença da enciclopédia: neva. Tudo isso é feito dentro da lógica da ciência, e não há necessidade de usar expressões como "relações entre expressões da linguagem e objetos designados". Dessa forma, ele propõe investigar até onde podemos proceder deste modo no sistema de referência do empirismo lógico.

Partindo agora para mais críticas à linha de trabalho Tarski-Kokoszyńska, Neurath primeiro assinala que poderia simplesmente ser melhor usar 'aceito (na Enciclopédia)' e 'rejeitado (na Enciclopédia)', no lugar de "verdadeiro' e 'falso', que são muito carregados de significado. Contra Kokoszyńska, objeta que ela toma por garantido que aquilo que chama de 'o conceito absoluto de verdade' concorda com o conceito comum de verdade. Contra isto, recorre-se às investigações de Arne Naess que "mostram que existem muitos conceitos comuns de verdade". O mesmo argumento é proposto contra Tarski, que é descrito como um defensor do conceito filosófico tradicional de verdade, como evidenciado por suas referências a Kotarbiński, que acrescenta Neurath, a despeito de ser geralmente simpático com os empiristas lógicos, apresenta as tendências absolutistas da escola de Brentano acerca de questões sobre verdade. Neurath objeta que não é o papel de um defensor do empirismo lógico discutir mais detalhadamente uma apologia e defesa [*Plädoyer*] do conceito tradicional de verdade, até mostrarmos a ele a necessidade de aplicarmos este conceito em sua análise da ciência. Posteriormente nesse artigo, Neurath afirma que "já havíamos visto em 1935, em Paris, como Tarski e Lutman eram realmente interpretados e, provavelmente, não sem justiça, dado que ambos mostram certa 'convivência' frente à concepção tradicional" (Neurath, 1937a:9). Como conclusão, Neurath pediu para Carnap, Hempel e os 'amigos poloneses' discutirem se e em que medida sua 'proposta' poderia ser levada a cabo e se pensavam que, desse modo, "problemas semânticos e outros problemas relacionados poderiam ser trazidos para dentro da lógica da ciência".

O escrito de Carnap é intitulado "A concepção semântica da verdade", datado 18.vii.37 e com 12 páginas. Carnap começa listando quatro teses que gostaria de propor para discussão:

1. A concepção semântica de verdade é correta e inquestionável;

2. Ela não pode ser substituída por métodos puramente sintáticos;

3. Ela é útil e importante;

4. Ela está em concordância com o conceito de verdade usado na linguagem comum.

Sob a tese 1, Carnap fornece uma descrição informal da legit-imidade de introduzir uma relação binária $Bez(x, y)$ que captura a noção de denotação. A seguir, alega que podemos definir ver-dade em termos de denotação. Tanto denotação quanto verdade são exemplos de conceitos semânticos.

Na seção 2, Carnap aborda diretamente a proposta de Neurath que, de certo modo, era uma tentativa de mostrar a eliminabili-dade da fala sobre verdade em termos da sintaxe. Carnap mostra, aqui, que isso não é possível. Ele aceita que existem casos onde sentenças que contêm conceitos semânticos (denotação, verdade etc.) podem ser transformadas em sentenças puramente sintáticas (no sentido técnico da *Sintaxe Lógica*). Por exemplo, "a expressão 3 + 4 denota (o número) 7" pode ser traduzida na sentença sintática "'3 + 4' é logicamente sinônima de '7'". As sentenças semânticas que são traduzíveis em sentenças sintáticas são chamadas de sen-tenças nãoessencialmente semânticas. As outras são chamadas de essencialmente semânticas. Existem também casos nos quais con-ceitos semânticos são eliminados, traduzindo a sentença em uma sentença da linguagem objeto. Por exemplo, "'Paris é uma cidade' é verdadeira" pode ser traduzida na sentença da linguagem objeto "Paris é uma cidade". Carnap salienta que havia dado exemplos de ambas as estratégias no *Sintaxe Lógica*. Ele, então, reformula a proposta de Neurath como: podemos sempre eliminar conceitos semânticos? Sua resposta é negativa. Carnap explica que aquilo que Neurath chama de o 'truque' da ciência nada mais é do que a eliminação de uma sentença semântica não essencial na lin-guagem sintática. Entretanto, ele discorda de Neurath quando este propõe traduzir "verdade" por "sentença da Enciclopédia" ou "reconhecida". Carnap argumenta pela diferença entre "ver-dadeiro" e "reconhecido" notando que, no caso de "verdadeiro", não precisamos dar quaisquer parâmetros temporais ou prag-máticos, que são, contudo, necessários no segundo caso. Esta é a solução que ele já havia proposto para distinguir entre os dois conceitos em Paris em 1935. Considere a sentença A: "a lua tem em seu lado negro uma cratera que é ainda maior do que aquela em seu lado visível". Enquanto podemos certamente con-cordar que "A não pertence à Enciclopédia em 1937" (ou "A não é cientificamente reconhecida"), este não é o caso para "A não

é verdadeira", ou sua tradução "a lua não tem em seu lado negro uma cratera ainda maior do que aquela em seu lado visível".
Desta forma, Carnap conclui que "A não pertence à Enciclopédia
em 1937" e "A não é verdadeira" não possuem o mesmo significado; portanto, "verdadeiro" e "(cientificamente) reconhecido"
(ou "sentença da Enciclopédia", "cientificamente aceita" ou "cientificamente acreditada") são conceitos diferentes.

Indo ao ponto 3, Carnap expressa sua crença de que os conceitos semânticos se mostrarão úteis e importantes para o trabalho
epistemológico. Como um exemplo, ele fornece uma análise possível de "x sabe que y" como "x crê que y, e y é verdadeiro".
Assim, conclui Carnap, "saber" é um conceito semântico. Uma
discussão de alguns exemplos com "sabe" levou Carnap a observar que, enquanto em alguns casos as noções semânticas podem
ser eliminadas nos movendo para a linguagem-objeto (como nos
casos que olhamos antes), isto não pode ser feito quando a sentença da linguagem-objeto não é referida pelo nome. Exemplos
seriam: "cada sentença. . . " ou "existe uma sentença. . . ". Outros
conceitos semelhantes a conceitos semânticos seriam 'ver', 'ou-
vir', 'perceber'. Por contraste, Carnap adiciona que 'acreditar',
'pensamento', 'sonho', 'querer dizer' ['*meaning*'], 'imaginar', não
são conceitos semânticos.

Na seção sobre verdade e linguagem comum, Carnap afirma
que ele não está interessado no conceito de verdade dos
metafísicos, mas somente naquele usado na linguagem comum.
Deixando de lado a iteração de conceitos semânticos, o que leva a
antinomias, podemos obter um conceito não objetável de verdade
para a linguagem comum que possui o mesmo grau de clareza
que outros conceitos usados na linguagem natural. O argumento
procede comparando duas sentenças: B. "é verdade que Goethe
morreu em Weimar em 1832"; e C: "Goethe morreu em Weimar
em 1832". Carnap sustenta que a palavra 'verdadeiro' é usada
na linguagem comum de tal forma que B e C são aceitas como
sinônimos:

> Uma proposição da forma [B], que contém a palavra 'verdadeiro',
> é usada mais raramente do que [C], a saber, somente quando ela
> é precedida por questões, dúvidas ou disputas ou quando, por
> alguma outra razão, desejamos expressar uma ênfase emocional

mais forte (...) Mas esta é somente uma diferença psicológica, e não lógica. E isto se mostra pelo fato de que ninguém, quando pedido para decidir entre duas proposições tais como [B] e [C], aceitaria a primeira, mas rejeitaria a outra ou mesmo a deixaria indecidida (Carnap, 1937:9; RC 080-52-01).

Carnap concluiu que, uma vez que duas sentenças são reconhecidas por falantes comuns como logicamente equivalentes e que a teoria semântica das verdades também as trata como logicamente equivalentes, então existe concordância entre o uso comum e a concepção semântica.

A seção conclusiva do artigo fornece alguns conselhos práticos sobre como proceder a respeito das discordâncias que estão obviamente presentes no círculo contendo a noção de verdade. Do lado do conceito semântico de verdade, Carnap menciona os "chicagoanos" (Carnap, Hempel, Helmer) e os poloneses (Kotarbiński, Tarski, Lutman[-Kokoszyńska]), e no campo oposto, "Neurath e, talvez, Ness [sic] e outros". Dado que o debate não pode ser imediatamente resolvido, Carnap expressa sua convicção de que as diferenças se devem à falta de clareza e a mal-entendidos que desapareceriam dentro de alguns anos. Quanto aos dois grupos, ele deu as seguintes sugestões:

1. Sugestões para o grupo daqueles que querem fazer semântica enquanto que sua abordagem é empirista e antimetafísica. O último estabelecerá sua terminologia e suas formulações de modo que a delimitação de problemas metafísicos sempre permaneça tão clara quanto possível. Eles assim o farão não somente em consideração a si mesmos, mas também por seus leitores. Também terão em mente a questão da extensão na qual as proposições semânticas são traduzíveis em proposições não semânticas; isto em favor, especialmente, àqueles em nossos círculos que, por qualquer que seja a razão, lutam para evitar conceitos semânticos.

2. Sugestões para o grupo daqueles que têm reservas sobre conceitos semânticos. Eles, primeiro, esperarão e não levarão a cabo polêmicas públicas contra a semântica como um todo até que os desenvolvimentos posteriores transpareçam, primeiro, se ou não o trabalho no domínio da semântica é frutífero para a ciência e, especialmente, para a tarefa geral que assumimos de uma análise da ciência, e, segundo, se ou

não o temido perigo de cair novamente na metafísica é real.
Portanto, não caracterizarão conceitos semânticos como um
todo como sendo metafísicos, mas somente criticarão formulações específicas que possam achar questionáveis, especialmente se elas de fato dão surgimento a pseudoproblemas
(Carnap, 1937:11–12; RC080-52-01).

2.9. Coda

Enquanto o Congresso de Paris de 1937 marca um ponto culminante no debate sobre semântica entre os membros do círculo de
Viena, ele não foi o fim da história. De fato, o conflito ressurgiu
com a publicação de *Introduction to Semantics* (1942), de Carnap,
que levou a expressões renovadas de ceticismo e imediata rejeição
da parte de Neurath. Por exemplo, em 22 de dezembro de 1942,
Neurath escreveu "da metafísica de Tarski eu não preciso dizer
nada. É trivialmente triste. Aristóteles ressuscitado, nada mais."
Eventualmente, Carnap se exasperou com Neurath:

> Como pode imaginar, sinto muito pela péssima impressão que
> você teve acerca do meu livro, e que você até mesmo pense que
> se trata de um ressurgimento da metafísica aristotélica. Eu tento
> recordar as muitas—e algumas vezes longas—conversas que tive-
> mos no passado sobre semântica. A primeira foi no trem para Paris
> em 1935. Houve então a discussão publica na Pré-Conferência em
> Paris, com você e Ness [sic] de um lado, Tarski e eu do outro. Após
> estas duas discussões, lembro-me de ter uma impressão definida
> de que não restavam argumentos racionais do seu lado. Quando
> Tarski e eu mostramos que seus argumentos eram baseados em
> más concepções concernentes ao conceito semântico de verdade,
> você não teve nada para responder. O que restou, na medida em
> que compreendo bem, foi meramente suas reações emocionais,
> a saber, seu desgosto pelo termo "verdade" e seu medo vago de
> que isso finalmente nos levaria de volta à velha metafísica. Pos-
> teriormente, discutimos algumas vezes sobre o mesmo tópico na
> América; mas eu não tive a impressão de termos ido um passo
> sequer em direção a um entendimento mútuo, muito menos em
> direção a um acordo (. . .) De qualquer modo, a despeito das ex-
> periências desapontadoras do passado, desejo seguir a discussão
> com você (Carnap para Neurath, 11 de maio de 1943, Neurath
> *Nachlaß*, original em inglês)

É desnecessário dizer que não houve reconciliação sobre a

questão, e a discussão sobre se a semântica estava carregada com metafísica continuou na correspondência entre Carnap e Martin Strauss no início dos anos 1940.

Como sabemos, Tarski abordou muitas das questões que discutimos em seu artigo de 1944 sobre a verdade. Aquele artigo é bastante conhecido, e não preciso tratar das réplicas tarskianas às críticas que foram feitas contra a semântica. Muitas destas críticas remontam a Neurath. Em particular, as seções 14 ("Is the semantic conception of truth the "right" one?"), 16 ("Redundancy of semantic terms—their possible elimination"), 19 ("Alleged metaphysical elements in semantics"), 20 ("Applicability of semantics to special empirical sciences") e 22 ("Applicability of semantics to the methodology of empirical science") do artigo de Tarski de 1944 abordam diretamente questões que Neurath havia trazido à tona desde 1935, ainda que sem mencioná-lo diretamente.

Em conclusão, a crítica de Neurath à semântica se dividia em duas partes. Por um lado, um pano de fundo formado por um conjunto de crenças bastante fortes que levaram Neurath à sua própria proposta para usar 'verdade' como 'reconhecimento'. Por outro lado, a crítica mais específica da concepção semântica de verdade que Neurath levantou em consonância com aquelas crenças firmemente enraizadas. A intenção deste artigo foi a de mostrar como as críticas à concepção semântica de verdade emergem destas crenças de fundo, e detalhar a discussão que, como consequência disto, surgiu com Tarski, Kokoszyńska e Carnap.[18]

Poderíamos nos perguntar agora o quanto eram coerentes estas crenças firmemente enraizadas. Mais especificamente, a proposta de Neurath era defensável? Ideias retrocedendo a Neurath são frequentemente discutidas e criticadas na literatura epistemológica sobre coerentismo (veja Pollock Cruz, 1999, cap. 3; e Bounjour, 1985), onde, entretanto, a discussão é sobre justificação/confirmação antes de ser sobre verdade. Com efeito, Bonjour (1985) defende uma posição coerentista de justificação e,

---

[18]Esta tarefa pode ser vista como complementar àquela levada a cabo em Mormann (1999), que não se prende tanto ao debate, mas toma uma perspectiva mais ampla sobre as posições filosóficas sustentadas por Neurath e retraça sua oposição à semântica em seu anticartesianismo. Entretanto, creio que esta é somente uma das fontes das objeções de Neurath. Vimos que seu antiwittgensteinianismo era um fator poderoso.

ao mesmo tempo, uma concepção correspondentista de verdade. Hoffman-Grüneberg (1988) tentam defender uma concepção de verdade inspirada pela posição de Neurath; além disso, podem existir outras reivindicações de Neurath, que são construídas sobre a rejeição da filosofia da ciência como uma metodologia da verdade obtida e que enfatizam o componente pragmático de como as garantias são obtidas e transmitidas dentro da prática científica. Se qualquer uma destas posições marcasse uma abordagem coerente e interessante ao problema da verdade, então teríamos que reconhecer que, por trás das objeções às vezes decepcionantemente vagas e obscuras de Neurath, não existiam somente aspectos negativos, mas também uma ideia que poderia se tornar uma alternativa viável.

2.10. Referências Bibliográficas

Ayer, A. 1977. *A Part of my Life*. Collins, London.

Bonjour, L. 1985. *The Structure of Empirical Knowledge*. Harvard University Press, Cambridge.

Carnap, R. 1934. *Logische Syntax der Sprache*. Springer, Vienna. English translation: *Logical Syntax of Language*, Routledge and Kegan Paul, London, 1937.

—. 1936. "Wahrheit und Bewährung." In *Actes du Congrès International de Philosophie Scientifique*, volume 4, 18–23. Hermann, Paris.

—. 1937. "Ueber den semantischen Wahrheitsbegriff." Carnap Nachlaß, RC 080-32-01.

—. 1942. *Introduction to Semantics*. University of Chicago Press, Chicago.

—. 1963. "Intellectual Autobiography." In P. A. Schilpp (ed.), *The Philosophy of Rudolf Carnap*. (Library of Living Philosophers, vol. 11), Open Court, LaSalle.

Cirera, R. 1994. *Carnap and the Vienna Circle*. Rodopi, Amsterdam.

Feferman, A. e Feferman, S. 2004. *Alfred Tarski: Life and Logic.* Cambridge University Press, Cambridge.

Frank, P. 1997. *The Law of Causality and its Limits.* Kluwer, Dordrecht.

Frost-Arnold, G. 2004. "Was Tarski's theory of truth motivated by physicalism?" *History and Philosophy of Logic* 25:265–80.

Glock, H. J. 2006. "Truth in the *Tractatus*." *Synthese* 148:345–68.

Grundmann, T. 1996. "Can science be likened to a well-written fairy tale? A contemporary reply to Schlick's objection to Neurath's coherence theory." In E. Nemeth e F. Stadler (eds.), *Encyclopedia and Utopia. The life and work of Otto Neurath (1882–1945)*, 127–33. Kluwer, Dordrecht.

Haller, R. 1992. "Alfred Tarski: Drei Briefe an Otto Neurath." *Grazer Philosophische Studien* 43:pp. 1–32.

Hegselmann, R. 1985. "Die Korrespondenz zwischen Otto Neurath und Rudolf Carnap aus den Jahren 1934 bis 1945—Ein vorläufiger Bericht." In H.-J. Dahms (ed.), *Philosophie, Wissenschaft, Aufklärung*, 276–90. de Gruyter, Berlin.

Hempel, G. 1935. "On the Logical Positivists' theory of truth." *Analysis* 2:49–59. Also in *Selected Philosophical Essays*, ed. R. Jeffrey, Cambridge University Press, Cambridge, 1999, pp. 21–5.

—. 1982. "Schlick und Neurath: Fundierung vs. Kohärenz in der wissenschaftlichen Erkenntnis." *Grazer Philosophische Studien* 16/7:1–18. Translated in *Selected Philosophical Essays*, ed. R. Jeffrey, Cambridge University Press, Cambridge, 1999, pp. 181–98.

Hoffman-Grüneberg, F. 1988. *Radikal-empirische Wahrheitstheorie. Eine Studie über Otto Neurath, den Wiener Kreis und das Wahrheitsproblem.* Verlag Hölder-Pichler-Tempsky, Vienna.

Kokoszyńska, M. 1936. "Syntax, Semantik und Wissenschaftslogik." In *Actes du Congrès International de philosophie scientifique*, volume III, 9–14. Hermann, Paris.

—. 1936b. "Über den absoluten Wahrheitsbegriff und einige andere semantische Begriffe." *Erkenntnis* VI:143–65.

—. 1937–1938. "Bemerkungen über die Einheitswissenschaft." *Erkenntnis* VII:325–35.

Mancosu, P. 2005. "Harvard 1940–1941: Tarski, Carnap and Quine on a finitist language for mathematics and science." *History and Philosophy of Logic* 26:327–57.

—. 2006. "Tarski on models and logical consequence." In J. Gray e J. Ferreiros (eds.), *The Architecture of Modern Mathematics*, 209–37. Oxford University Press.

—. 2009. "Tarski's engagement with philosophy." In S. Lapointe et al. (ed.), *The Golden Age of Polish Philosophy*, 131–153. Springer, Dordrecht.

Mormann, T. 1999. "Neurath's opposition to Tarskian semantics." In J. Woleński e E. Köhler (eds.), *Alfred Tarski and the Vienna Circle*, 165–78. Kluwer, Dordrecht.

Mulligan, K., Simons, P., e Smith, B. 1984. "Truth-Makers." *Philosophy and Phenomenological Research* 44:287–321.

Naess, A. 1936. *Erkenntnis und Wissenschaftliches Verhalten*. Jacob Dybwad, Oslo.

—. 1938. *"Truth" as conceived by those who are not professional philosophers*. Skrifter Videnskaps Akademi, Oslo: Hist. Fil.KI, 1938.

Neurath, O. 1931a. "Physikalismus." *Scientia* 50:417–21. Translated in Neurath 1983, pp. 52–7.

—. 1931b. *Empirische Soziologie*. Springer, Vienna. Translated as Neurath 1973.

—. 1932/3. "Protokollsätze." *Erkenntnis* 3:204–14. Traslated in Neurath 1983, pp. 91–9.

—. 1934. "Radikaler Physikalismus und 'wirkliche Welt'." *Erkenntnis* 4:346–62. Translated in Neurath 1983, pp. 100–14.

—. 1935. *Le Développement du Cercle de Vienne.* Hermann, Paris.

—. 1936. "Erster Internationaler Kongress für Einheit der Wissenschaft in Paris 1935." *Erkenntnis* 377–430.

—. 1937a. "Wahrheitsbegriff und Empirismus (Vorbemerkungen zu einer Privatdiskussion mit Carnap im Kreis der Pariser Konferenz)." Call number: K.30, Neurath Nachlaß.

—. 1937b. "Fuer Die Privatsitzung, 30 Juli 1937." Call number: K.31, Neurath Nachlaß.

—. 1937c. "Diskussion Paris 1937 Neurath-Carnap." Call number: K.32, Neurath Nachlaß.

—. 1937d. "Bemerkungen zur Privatdiskussion." Call number: K.33, Neurath Nachlaß.

—. 1973. *Empiricism and Sociology.* M. Neurath and R.S. Cohen (eds.), Reidel, Dordrecht.

—. 1981. *Gesammelte philosophische und methodologische Schriften.* Hölder-Pichler-Tempsky, Wien. Band I, II. Edited by R. Haller and H. Rutte.

—. 1983. *Philosophical Papers 1913–1946.* R.S. Cohen and M. Neurath (eds.), Reidel, Dordrecht.

Newman, A. 2002. *The Correspondence Theory of Truth.* Cambridge University Press, Cambridge.

Oberdan, T. 1993. *Protocols, Truth and Convention.* Rodopi, Amsterdam.

Pollock, J. L. e Cruz, J. 1999. *Contemporary Theories of Knowledge.* Rowman and Littlefield, Lanham, 2nd edition.

Poznanski, E. e Wundheiler, A. 1934. "Pojęcie prawdy na terenie fizyki." In *Fragmenty Filozoficzne*, 97–143. Warszawa. Translated title: "The concept of truth in physics." A partial German translation by Rose Rand is found in Carnap's Nachlaß under call number RC 081-37-01.

Russell, B. 1940. *An Enquiry into Meaning and Truth.* Allen and Unwin, London.

Rutte, H. 1991. "Neurath contra Schlick. On the discussion of truth in the Vienna Circle." In T. E. Uebel (ed.), *Rediscovering the Forgotten Vienna Circle*, 169–74. Kluwer, Dordrecht.

Schlick, M. 1934. "Über das Fundament der Erkenntnis." *Erkenntnis* 4:79–99. Translated in Schlick 1979, pp. 370–87.

—. 1935. "Facts and Propositions." *Analysis* 2:65–70. Reprinted in Schlick 1979, pp. 400–4.

—. 1979. *Philosophical Papers*, volume II. Reidel, Dordrecht.

Tarski, A. 1933. *Pojęcie prawdy w językach nauk dedukcyjnych.* Prace Towarzystwa Naukowego Warszawskiego, wydzial III, no. 34. Translated title: "The concept of truth in the languages of deductives sciences.".

—. 1935. "Der Wahreitsbegriff in den formalisierten Sprachen." *Studia Philosophica (Lemberg)* 1:261–405. Reprinted in Tarski 1986, vol. II, pp. 51–198. English translation in Tarski 1956, pp. 152–278.

—. 1936. "Grundlegung der wissenschaftlichen Semantik." In *Actes du Congrès International de Philosophie Scientifique*, volume III, pp. 1–8. Paris. Reprinted in Tarski 1986, vol. II, pp. 259–268. English translation in Tarski 1956, pp. 401–8.

—. 1944. "The semantic conception of truth and the foundations of semantics." *Philosophy and Phenomenological Research* 4:341–76. Reprinted in Tarski 1986, vol. II, pp. 661–99.

—. 1956. *Logic, Semantics, Metamathematics.* Oxford University Press, Oxford. Second edition 1983.

—. 1986. *Collected Papers.* S. Givant and R. McKenzie (eds.), volumes I–IV, Birkhäuser, Basel.

Tugendhat, E. 1960. "Tarskis semantische Definition der Wahrheit und ihre Stellung innerhalb der Geschichte des Wahrheitsproblems im logischen Positivismus." *Philosophische Rundschau*

8:131–59. Now in G. Skirbekk, ed., *Wahrheitstheorien*, Suhrkamp, Frankfurt, 1977, pp. 189–223.

Uebel, T. 1992. *Overcoming Logical Positivism from within: the emergence of Neurath's Naturalism from the Vienna Circle's Protocol Debate*. Rodopi, Amsterdam.

Woleński, J. 1989a. "The Lvov-Warsaw School and the Vienna Circle." In K. Szaniawski (ed.), *The Vienna Circle and the Lvov-Warsaw School*, 443–53. Kluwer, Dordrecht.

—. 1989b. *Logic and Philosophy in the Lvov-Warsaw School*. Kluwer, Dordrecht.

—. 1993. "Tarski as a philosopher." In F. Coniglione, R. Poli, e J. Woleński (eds.), *Polish Scientific Philosophy*, 319–38. Rodopi, Amsterdam.

—. 1995. "On Tarski's background." In J. Hintikka (ed.), *From Dedekind to Gödel*, 331–341. Reidel, Dordrecht.

Woleński, J. e Köhler, E. 1998. *Alfred Tarski and the Vienna Circle*. Kluwer, Dordrecht.

Woleński, J. e Simons, P. 1989. "De Veritate: Austro-Polish Contributions to the theory of truth from Brentano to Tarski." In K. Szaniawski (ed.), *The Vienna Circle and the Lvov-Warsaw School*, 391–442. Kluwer, Dordrecht.

Zygmunt, J. 2004. "Bibliografia prac naukowych Marii Kokoszyńskiej-Lutmanowej." *Filozofia Nauki* XII:155–66.

Tarski sobre Categoricidade e Completude: Uma Palestra Inédita de 1940

3.1. Introdução

Nos arquivos de Tarski em Berkeley há o texto de uma palestra intitulada "On the Completeness and Categoricity of Deductive Systems", que Tarski nunca publicou.[1] A palestra é um importante documento histórico para o desenvolvimento de noções semânticas abstratas tais como as de completude semântica e de categoricidade. Versões destas noções desempenharam um importante papel nas investigações lógicas das décadas de 1920 e 1930 (mais notavelmente em Fraenkel, Carnap e Gödel), porém, nesta palestra, Tarski possui à sua disposição os instrumentos da semântica que ele havia recém-desenvolvido. Além disso, a palestra fornece bem-vinda informação acerca de um tópico de central interesse para Tarski e para a filosofia contemporânea da lógica, a saber, a noção tarskiana de consequência lógica. Finalmente, alguns dos problemas técnicos trazidos à tona na palestra ainda se encontram em aberto e, recentemente, têm sido o objeto de renovado interesse.

A palestra pode ser dividida idealmente em três partes. A primeira parte introduz a noção de completude dedutiva e re-

---

[1]Deveria assinalar que as primeiras três páginas do manuscrito inédito de Tarski coincidem significativamente com outro texto seu preparado para publicação em 1940, mas que viu luz do dia somente em 1967 (Tarski, 1967). Para uma introdução à vida e obra de Tarski, veja Feferman e Feferman (2004). Algumas partes desse artigo seguem a exposição encontrada em Mancosu (2006) e Mancosu, Zach e Badesa (2009).

senha algumas das teorias elementares para as quais tinha sido estabelecida a completude dedutiva. Entretanto, tendo em vista os teoremas de incompletude de Gödel, a completude dedutiva é um fenômeno raro. A maioria das teorias, incluindo a lógica (entendida como contendo a teoria simples de tipos), é incompleta. Isto nos leva à segunda parte da palestra, onde Tarski apresenta a noção de completude semântica como uma forma de recuperar a completude que foi perdida no nível sintático. Enquanto apresenta a noção de completude semântica, Tarski faz uma afirmação que possui importantes ramificações para um entendimento adequado de sua concepção de consequência lógica. Finalmente, a terceira parte da palestra trata do problema de como estabelecer completude semântica, e traz à tona a noção de categoricidade. Vários resultados concernentes à completude semântica e categoricidade e algumas questões abertas são enunciadas no fim da apresentação.

Meu objetivo neste artigo é expor os elementos principais da palestra e fornecer um extenso comentário sobre os tópicos discutidos com o intuito de esclarecer seu pano de fundo conceitual e assinalar a relevância de algumas das questões discutidas por Tarski para os debates contemporâneos.

3.2. Datando a Palestra

Um resumo da palestra foi publicado como um apêndice à publicação da palestra de Tarski, "Some current problems in Metamathematics" (Tarski, 1995), editada por Woleński e Jan Tarski. Os editores conjecturaram que a palestra fora apresentada provavelmente em 1939. Contudo, podemos ser mais precisos usando duas fontes. A primeira é uma carta de Tarski para Quine, respondendo a um pedido de informação sobre as relações entre completude e categoricidade:

> Caro Van,
>
> A relação precisa entre completude e categoricidade (ambas relativas à lógica) é a seguinte. Todo sistema axiomático categórico é completo; o problema sobre se o converso vale segue em aberto. Se, entretanto, um sistema que é completo possui uma interpretação na lógica, ele é categórico. Eu me pergunto quando e onde

> será publicado meu artigo sobre o tema ("On completness and categoricity of deductive theories"). Você pode citar o artigo, meu e de Lindenbaum, "Über die Beschränkheit der Ausdrucksmitteln (...)" em Mengers "Ergebnisse Math. Coll." (7 or 8?), uma vez que ele contém essencialmente os mesmos resultados. Neste caso, você teria que adicionar que o conceito de "Nichtgabelbarkeit", que é discutido ali, é equivalente ao de completude relativa. Porém, me agradaria se você pudesse mencionar o artigo a ser publicado sobre completude e categoricidade ou se referir à minha palestra em Harvard (Tarski to Quine, July 1, 1940. Quine archive, MS Storage 299, box 8, folder Tarski).

Quine foi feliz ao aceitar o pedido de Tarski e, por seu reconhecimento, podemos datar a palestra com maior precisão. Na seguinte nota de rodapé de Quine e Goodman (1940), lemos:

> A última noção (sinteticamente completo) sob o nome 'completude relativa à lógica" se deve a Tarski. É mais fácil formular esta noção do que o antigo conceito de categoricidade, e ele se relaciona com o último como se segue: sistemas que são categóricos (com respeito a uma dada lógica) são sinteticamente completos, e sistemas sinteticamente completos que possuem modelos lógicos são categóricos. Estas questões foram resolvidas por Tarski no Harvard Logic Club em janeiro de 1940 e aparecerão em um artigo chamado "On completeness and categoricity of deductive theories". Veja também Lindenbaum e Tarski, Über die Beschränkheit der Ausdrucksmitteln deduktiver Theorien, Ergebnissen eines mathematischen Kolloquium, Heft 7 (1936), pp. 15–22, onde 'Nichgabelbarkeit' corresponde à 'completude sintética' (Quine, Goodman, 1940, nota 3, p. 109).

Também não encontrei nenhuma evidência que sugerisse que esta palestra fora concebida, como conjecturado por J. Woleński a J. Tarski, como a segunda palestra em uma série na qual "Some current problems in metamathematics" seria, supostamente, a primeira parte.

3.3. A Primeira Parte da Palestra

Não perderei muito tempo resumindo esta parte da palestra. Tarski usa 'completude absoluta' para discutir o que agora chamaríamos de completude sintática (ou dedutiva). A noção é definida da seguinte maneira:

> Um sistema de sentenças de uma teoria dedutiva é chamado de absolutamente completo ou simplesmente completo se toda sentença que pode ser formulada na linguagem desta teoria é decidível, isto é, ou derivável ou refutável neste sistema (Tarski, 1940:1).

Modulo alguns fatos triviais sobre a teoria, a condição é equivalente a afirmar que uma teoria é completa "se para toda sentença, ou ela ou sua negação é derivável" (p.1). Entre os sistemas que satisfazem esta condição, Tarski menciona "certos sistemas do cálculo de enunciados (Post e outros), da álgebra booleana (Löwenheim e outros), da teoria de ordem linear (Langford e outros) e, finalmente, a adição de números naturais (Presburger)" (pp. 1–2). Tarski esteve profundamente envolvido nestas investigações. Uma das técnicas investigadas no seminário de Tarski em Varsóvia era o que ele chamava de eliminação dos quantificadores. O método foi desenvolvido originalmente em conexão com os problemas de decidibilidade em Löwenheim (1915) e Skolem (1920). Ele consiste basicamente em mostrar que podemos adicionar certas fórmulas à teoria, talvez contendo novos símbolos, assim que na teoria estendida é possível demonstrar que toda sentença da teoria original é equivalente a uma sentença livre de quantificadores da nova teoria (ou que pertence a uma classe especial de fórmulas que pode ser facilmente decidida). Esta ideia foi explorada habilmente por Langford para obter, por exemplo, procedimentos de decisão para teorias de primeira ordem de ordens lineares densas sem extremos, com primeiro, mas sem último elemento, e com primeiro e último elemento (Langford, 1927a), e para a teoria de primeira ordem de ordens lineares discretas com primeiro, mas sem último elemento (Langford, 1927b). Como Langford (início de Langford, 1927a) enfatiza, ele está concernido com "categoricalidade" [*categoricalness*], isto é, que as teorias em questão determinem o valor de verdade de todas as suas sentenças (algo que ele obtém mostrando que a teoria é sintaticamente completa). Muitos resultados deste tipo foram obtidos posteriormente, tal como a eliminação de quantificadores de Presburger para a teoria aditiva de números e o procedimento de decisão de Skolem (publicado em 1931) para a teoria de ordem e multiplicação (mas sem a adição!) sobre números naturais. Além disso, Tarski estendeu os resultados de

Langford para a teoria de primeira ordem de ordem discreta sem primeiro ou último elemento e para a teoria de primeira ordem de ordem discreta com primeiro e último elemento.

Retornando à palestra, o que caracteriza todas as teorias acima é sua "estrutura lógica elementar" e o "parco conteúdo matemático" que podem capturar. Por estrutura lógica elementar, Tarski se refere ao fato de que os sistemas são formalizados ou na lógica de enunciados ou na lógica de primeira ordem ("o cálculo funcional restrito"). Além disso, esses sistemas somente podem capturar partes muito básicas da matemática, nas quais os fatos matemáticos "profundos" não podem nem mesmo ser expressos. Este não é o caso para os sistemas da álgebra clássica e da geométrica euclidiana elementar. Enquanto que ainda formalizáveis dentro da lógica elementar, sua potência matemática é notável. Tarski está, aqui, reportando resultados que ele havia obtido em Varsóvia no final dos anos de 1920 e anunciado publicamente em 1931, sobre a completude absoluta (i.e., sintática) tanto da álgebra quanto da geometria elementares. A "efetividade" da prova fornecida para completude fornece também procedimentos de decisão para as teorias em questão. Estes resultados serão publicados em Tarski 1948.

A despeito destes resultados positivos, as teorias matemáticas mais interessantes não são sintaticamente completas. Esta é uma consequência dos resultados de incompletude de Gödel. Tão logo uma parte elementar da aritmética dos números naturais é formalizável em um sistema consistente e apresentado efetivamente, temos incompletude. Isto também possui consequências para sistemas de lógica:

> Em geral, o domínio de aplicação deste resultado é muito amplo, e não é limitado essencialmente pelas premissas que condicionam a incompletude do sistema. Pois é bem sabido que a aritmética dos números inteiros pode ser formalizada dentro de qualquer teoria dedutiva com uma estrutura lógica suficientemente rica, ainda que os conceitos da própria aritmética não ocorram explicitamente nesta teoria (Tarski, 1940:3).

Tais passagens nos recordam que em 1940 ainda era prática comum se referir a teorias como a teoria simples de tipos como sendo lógica (veja Ferreirós, 2001; e Mancosu, 2005), e assim ver a aritmética como sendo derivável dentro de tal lógica. A conclusão desta parte da discussão é que a completude absoluta é antes a exceção do que a regra no domínio das ciências dedutivas. Para remediar a situação, Tarski propõe duas noções mais fracas de completude, completude relativa e completude semântica. Isto nos leva à segunda parte da palestra. No entanto, antes de chegar lá, devotarei a próxima seção à tarefa de fornecer o pano de fundo histórico sobre os estudos de completude nos anos de 1920 e 1930.

3.4. Fraenkel e Carnap sobre Completude

As primeiras ocorrências dos vários conceitos de completude e categoricidade em autores, tais como Hilbert, Huntington e Veblen, têm sido estudadas extensivamente na literatura (veja, entre outros, Awodey e Reck, 2002a; Mancosu, Zach e Badesa, 2009; e Scanlan, 2005). Por exemplo, Huntington (1902) define um conjunto 'completo' de postulados para uma teoria como um que satisfaz as seguintes propriedades:

1. Os postulados são consistentes;

2. Eles são suficientes;

3. Eles são independentes (ou irredutíveis).

A condição 1 diz que existe uma interpretação que satisfaz os postulados e a condição 2 assere que existe essencialmente somente uma tal interpretação possível. A condição 3 diz que nenhum dos postulados é uma 'consequência' dos outros cinco. Um sistema que satisfaça as propriedades 1 e 2 acima seria chamado, hoje em dia, de categórico e não de completo. De fato, a palavra "categoricidade" foi introduzida neste contexto por Veblen em um artigo sobre a axiomatização da geometria em 1904. Veblen atribui a Huntington a ideia e atribui a Dewey ter sugerido a palavra "categoricidade". Quando olhamos com mais cuidado na definição de Veblen, que não exporei aqui, percebemos imediatamente certa ambiguidade entre definir categoricidade como a propriedade de admitir somente um modelo (modulo isomorfismo) e defini-la por meio de uma noção que é uma consequência da primeira definição, a saber, aquela que chamaríamos de completude semântica (veja Awodey-Rech, 2002a).[2] De acordo com a terminologia contemporânea, um sistema de axiomas é categórico se todas as suas interpretações (ou modelos) são isomorfas. Na primeira parte do século XX era costume mencionar, por exemplo, que Dedekind havia mostrado que quaisquer duas interpretações do sistema de axiomas para a aritmética são isomorfas. Uma coisa sobre a qual já havia clareza na época é que duas interpretações isomorfas fazem o mesmo conjunto de sentenças verdadeiras. Porém, como observei, essa noção de categoricidade não era claramente distinguida do que chamamos de completude semântica.

Uma das primeiras tentativas de fornecer uma clarificação terminológica dos diferentes significados de completude encontra-se na segunda edição (1923) de *Einleitung in die Mengenlehre*, onde Fraenkel distingue entre completude no sentido de categoricidade e completude como decidibilidade (*Entscheidungsdefinitheit*). Na terceira edição de *Einleitung in die Mengenlehre* (1928), Fraenkel acrescenta uma terceira noção de completude, a noção de *Nicht-gabelbarkeit* ('nãobifurcabilidade'), que significa, essencialmente, que quaisquer duas interpretações satisfazem as mesmas sentenças. Fraenkel atribui esta terceira noção a Carnap, e afirma ter visto seu trabalho sobre o tema. Em 1927, Carnap declarou ter provado a equivalência de todas as três noções (que ele chama de monomorfismo, decidibilidade e nãobifurcabilidade; veja Carnap (1927) para o *Gabelbarkeitssatz*). As provas supostamente estavam contidas no manuscrito "Untersuchungen zur allgemeinen Axiomatik" (Carnap, 2000), mas sua abordagem aqui é comprometida pela inabilidade de distinguir entre linguagem-objeto e metalinguagem e entre sintaxe e semântica e, portanto, em especificar exatamente a quais sistemas lógicos as provas supostamente se aplicam (para uma análise destas questões, veja Awodey

---

[2]Uma teoria axiomática é semanticamente completa (com relação a uma dada semântica) se qualquer uma das quatro condições equivalentes valer:
Para todas as fórmulas φ e todos os modelos M, N de T, se $M \models \varphi$ então $N \models \varphi$.
Para todas as fórmulas φ, ou $T \models \varphi$ ou $T \models \neg\varphi$.
Para todas as fórmulas φ, ou $T \models \varphi$ ou $T \cup \{\varphi\}$ não é satisfazível.
Não existe uma fórmula φ tal que tanto $T \cup \{\varphi\}$ quanto $T \cup \{\neg\varphi\}$ são satisfazíveis.
As formulações são aquelas dadas em Awodey-Reck (2002a).

e Reck, 2002a e 2002b; e Reck, 2008); as investigações não publicadas de Carnap sobre axiomática geral estão agora editadas em Carnap (2000). Gödel, entretanto, teve acesso ao manuscrito e, de fato, em sua dissertação de 1929 reconhece a influência das investigações de Carnap (como também faz Kaufmann em 1930). Awodey e Carus (1999:23) também assinalam que a primeira apresentação gödeliana do teorema de incompletude (Königsberg, 1930; veja Gödel, 1995:29 e a introdução de Goldfarb, bem como Goldfarb, 2005) estava dirigida especificamente à alegação de Carnap. Com efeito, falando acerca do significado do teorema de completude para sistemas axiomáticos, ele observou que na lógica de primeira ordem a monomorficidade (terminologia de Carnap) implica completude sintática (*Entscheidungsdefinitheit*). Se a completude também valesse para a lógica de ordem superior então a aritmética de Peano (em segunda ordem), que, pelo resultado clássico de Dedekind, é categórica, também se mostraria sintaticamente completa. No entanto, e este é o primeiro anúncio do teorema de incompletude, a aritmética de Peano é incompleta (Gödel, 1930:28–30); um ponto similar é salientado em Tarski (1934–5:391).

Carnap havia discutido suas investigações com Tarski em 1930, quando este último visitou Viena. Naquela época, Tarski havia reconhecido os defeitos no trabalho de Carnap, chamando atenção para eles. Subsequentemente, Carnap abandonou o projeto. Entretanto, deve ser salientado que Carnap havia formulado os principais conceitos e questões nesta área e também havia provado corretamente que se um sistema T é categórico, então ele é também semanticamente completo. Ele também conjecturou o converso e forneceu uma prova errada da afirmação, pois não poderia formular corretamente a condição relevante de ter um modelo definível. À luz destes fatos, é surpreendente, para dizer o mínimo, que Tarski não atribui a Carnap o crédito devido nem no artigo com Lindenbaum nem em sua palestra.

3.5. Completude Relativa

Para introduzir as novas noções de completude, Tarski estipula que possuímos um modo de distinguir entre as constantes lógicas e não lógicas dos sistemas sob consideração, e que tais sistemas devem ser concebidos como construídos a partir de arcabouço lógico através de axiomas específicos envolvendo constantes não lógicas. Sentenças lógicas são aquelas que não contêm constantes não lógicas. Tarski usa a terminologia de 'sentenças logicamente válidas' para denotar teoremas da lógica. Como um exemplo desse tipo de sistema, Tarski menciona uma geometria construída a partir da lógica do *Principia Mathematica* (ou de um fragmento deste sistema). Se a base lógica é 'rica' (i.e., contém quantificação sobre entidades de ordem superior e axiomas tais como o axioma de infinito), podemos formalizar nela a teoria dos números naturais. Pelo teorema de incompletude de Gödel, a teoria é incompleta. Tarski resume a situação assim:

> Se a base lógica de nossa teoria é rica o suficiente, podemos formalizar a aritmética dos números naturais dentro de seus limites, por esta razão, sua base lógica é incompleta, i.e., existem sentenças lógicas que não são logicamente válidas e cujas negações também não são logicamente válidas. Em outras palavras, existem problemas pertencentes inteiramente à parte lógica de nossa teoria que não podem ser resolvidos seja afirmativamente, seja negativamente, com os meios puramente lógicos à nossa disposição (Tarski, 1940:4).

Assim, um requerimento de completude absoluta para a teoria da geometria mencionada acima acabaria requerendo que a adição dos axiomas geométricos à lógica decida os problemas que permaneciam indecididos pela lógica. Pelo teorema de incompletude de Gödel, isso é pedir muito. Contudo, um requerimento mais fraco consiste em demandar que os axiomas geométricos não "estendam a incompletude da parte lógica de nossa teoria" (p. 4). As seguintes duas definições introduzem a noção requerida:

> Definição: duas sentenças A e B são equivalentes com respeito a uma teoria T se e somente se $T \cup \{A\} \vdash B$ e $T \cup \{B\} \vdash A$.

> Definição: Uma teoria T é *relativamente completa* (ou completa com respeito à sua base lógica) se e somente se para todo B em $L(T)$, existe um A expresso no vocabulário lógico de T tal que A e B são equivalentes com respeito a T.

Tarski menciona dois resultados concernentes à noção recém-introduzida. Em primeiro lugar, se a parte lógica de T é absolutamente completa e T é relativamente completa, então T é absolutamente completa. Em segundo lugar, não é sempre o caso que se um sistema é relativamente completo então ele é absolutamente completo.

O primeiro resultado é claro. Se a lógica subjacente é absolutamente completa, então, pela completude relativa, para qualquer sentença B em $L(T)$, podemos encontrar um A que contém somente vocabulário lógico e que é equivalente com respeito a T. Desta forma, tudo o que precisamos fazer é explorar a completude absoluta da lógica para decidir se A ou $\neg A$ é derivável na lógica e isto nos dirá, automaticamente, se B ou sua negação é derivável de T.

Como um exemplo de um sistema que é relativamente completo, mas não é absolutamente completo, poderíamos mencionar a aritmética de Peano em segunda ordem formalizada com a teoria simples de tipos (e o axioma de infinito) como lógica subjacente. Devido a toda sentença da aritmética de Peano em segunda ordem poder ser traduzida em uma sentença da teoria simples de tipos e mostrada como sendo equivalente a sua tradução dentro da teoria simples de tipos, temos um caso de completude relativa. Entretanto, a aritmética de Peano em segunda ordem não é absolutamente completa pelo teorema de incompletude de Gödel.

Em uma carta para Quine mencionada anteriormente, Tarski observa que completude relativa, neste artigo, é equivalente a não bifurcabilidade (ou não ramificabilidade) no seu artigo de 1935 com Lindenbaum. Para uma teoria finita expressa pela conjunção de seus axiomas—digamos, $\alpha(a,b,c,\ldots)$, onde a, b, $c,\ldots$ estão pelas constantes não lógicas aparecendo nos axiomas— a definição formula-se como se segue:

> O sistema axiomático $[\alpha(a,b,c,\ldots)]$ é não ramificável se, para toda função sentencial '$\sigma(x,y,z,\ldots)$', a disjunção $(x,y,z,\ldots): \alpha(x,y,z,\ldots) . \to . \sigma(x,y,z,\ldots) : \vee : (x,y,z,\ldots): \alpha(x,y,z,\ldots) . \to . \neg\sigma(x,y,z,\ldots)$ é logicamente demonstrável (Tarski, 1983:390).

Quine e Goodman, seguindo as observações de Tarski em sua carta a Quine, repetem a afirmação de equivalência entre completude relativa e não ramificabilidade. A afirmação é, de fato, correta.

Vamos provar primeiro que completude relativa implica não ramificabilidade. Uma vez que $\alpha(a, b, c, \ldots)$ é relativamente completa, podemos provar na lógica, para qualquer $\sigma(a, b, c, \ldots)$ e equivalente lógico τ modulo $\alpha(a, b, c, \ldots)$:

$$\vdash \alpha(a, b, c, \ldots) \to (\sigma(a, b, c, \ldots) \leftrightarrow \tau).$$

Contudo, dado que isto é demonstrável na lógica pura (de segunda ordem), podemos provar a versão universalmente quantificada desta afirmação:

$$\vdash (x, y, z, \ldots)(\alpha(x, y, z, \ldots) \to (\sigma(x, y, z, \ldots) \leftrightarrow \tau)).$$

Para provar a não ramificabilidade de $\alpha(a, b, c, \ldots)$ é suficiente raciocinar por redução ao absurdo dentro da lógica. Assuma a negação da não ramificabilidade. Podemos, então, inferir que existem x, y, z satisfazendo $\alpha(x, y, z, \ldots) \wedge \sigma(x, y, z, \ldots)$ e x, y e z satisfazendo $\alpha(x, y, z, \ldots) \wedge \neg\sigma(x, y, z, \ldots)$. Através da completude relativa, podemos substituir qualquer instância de σ por τ e qualquer instância de $\neg\sigma$ por $\neg\tau$. Deste modo, vemos que a suposição da negação da não ramificabilidade leva a $\tau \wedge \neg\tau$. Assim, a não ramificabilidade vale sob a suposição de que a teoria $\alpha(a, b, c, \ldots)$ é relativamente completa.

Para mostrar que a não ramificabilidade implica completude relativa, seja $\alpha(a, b, c, \ldots)$ não ramificável e $\sigma(a, b, c, \ldots)$ qualquer sentença na linguagem de α. Considere agora as seguintes duas sentenças expressas somente com o vocabulário lógico:

$$\tau = (x, y, z, \ldots)(\alpha(x, y, z, \ldots) \to \sigma(x, y, z, \ldots))$$
$$\tau' = (x, y, z, \ldots)(\alpha(x, y, z, \ldots) \to \neg\sigma(x, y, z, \ldots))$$

Temos $\alpha(a, b, c, \ldots) \cup \{\tau\} \vdash \sigma(a, b, c, \ldots)$ e $\alpha(a, b, c, \ldots) \cup \tau' \vdash \neg\sigma(a, b, c, \ldots)$. Uma vez que $\alpha(a, b, c, \ldots)$ é não ramificável, temos $[(x, y, z, \ldots)\colon \alpha(x, y, z, \ldots) \mathrel{.\to.} \sigma(x, y, z, \ldots) \colon \vee \colon (x, y, z, \ldots)\colon \alpha(x, y, z, \ldots) \mathrel{.\to.} \neg\sigma(x, y, z, \ldots)]$ (i.e. $\alpha(a, b, c, \ldots) \vdash \tau \vee \tau'$) e, assim,

$$\alpha(a, b, c, \ldots) \cup \{\sigma(a, b, c, \ldots)\} \vdash (x, y, z, \ldots)(\alpha(x, y, z, \ldots) \mathrel{.\to.} \sigma(x, y, z, \ldots)).$$

Com isto, mostramos que $\sigma(a, b, c, \ldots)$ é equivalente a τ com respeito a $\alpha(a, b, c, \ldots)$.

3.6. Completude Semântica

Definir a noção de completude semântica requer uns poucos preliminares semânticos. Partindo de seu trabalho anterior sobre modelos e consequência lógica, Tarski primeiro define estas noções através dos conceitos de realização (ou modelo), que são, em última instância, baseados na noção de cumprimento (i.e., satisfação). O movimento preliminar é sintático. Onde quer que estejamos considerando uma sentença (respectivamente, um conjunto de sentenças) contendo constantes não lógicas para satisfação (respectivamente, consequência lógica), substituímos todas as constantes não lógicas por variáveis dos tipos apropriados.

> O papel mais importante aqui é desempenhado pelo conceito de modelo ou realização. Consideremos um sistema de sentenças não lógicas e sejam, por exemplo, "C_1", "C_2"... "C_n", todas as constantes não lógicas que ocorrem. Se substituímos estas constantes por variáveis "X_1", "X_2"... "X_n", nossas sentenças são transformadas em funções sentenciais com n variáveis livres e podemos dizer que estas funções expressam certas relações entre n objetos ou certas condições a serem cumpridas por n objetos. Agora, chamamos um sistema de n objetos O_1, O_2,... O_n de um modelo do sistema de sentenças em questão se estes objetos realmente cumprem todas as condições expressas nas funções sentenciais obtidas. É possível, é claro, que o sistema todo se reduza a uma sentença. Neste caso, falamos simplesmente do modelo desta sentença. Dizemos, agora, que uma dada sentença é uma consequência lógica de um sistema de sentenças se todo modelo do sistema é também um modelo desta sentença (Tarski, 1940:5).

A definição de completude semântica aparece a seguir:

> Assim, um sistema de sentenças de uma dada teoria dedutiva é chamado de semanticamente completo se toda sentença que pode ser formulada na teoria dada é tal que ou ela ou sua negação é uma consequência lógica do conjunto de sentenças sob consideração (Tarski, 1940:5).

A confusão encontrada na literatura anterior (Fraenkel, Carnap) entre uma noção sintática e uma noção semântica de completude é eliminada completamente aqui. Contudo, Tarski faz uma afirmação, imediatamente após sua definição de completude semântica, que pode nos fazer pensar que algumas confusões insinuam-se aqui. De fato, ele segue dizendo:

> Devemos notar que a condição antes mencionada é satisfeita por qualquer sentença lógica, portanto, podemos deduzir sem dificuldade que o conceito de completude semântica é uma generalização do conceito de completude relativa: todo sistema que é relativamente completo é, também, semanticamente completo (mas pode ser mostrado por meio de um exemplo que o converso não é verdadeiro) (Tarski, 1940:5).

Chamemos a afirmação de que "a condição antes mencionada é satisfeita por qualquer sentença lógica" de afirmação C. A razão pela qual isto poderia parecer irremediavelmente confuso é a seguinte: Considere a sentença lógica $(\exists x)(\exists y)(x \neq y)$. Na lógica de primeira ordem, bem como na lógica de ordem superior, temos modelos para ela e para sua negação. Em que sentido então a sentença em questão satisfaz automaticamente a condição de que "ou ela ou sua negação é uma consequência lógica do conjunto de sentenças considerado"? A resposta para esta questão possui importantes ramificações para um entendimento correto da noção tarskiana de consequência lógica. Porém, antes de discutir estas ramificações, gostaria de explicar com mais detalhes a prova da afirmação de que "todo sistema que é relativamente completo é, também, semanticamente completo". Além de esclarecer as noções envolvidas, a prova também servirá para nos antecipar à possível crítica de que a afirmação de Tarski sobre sentenças lógicas deva ser deixada de lado como um erro ou um descuido.

3.7. Todo Sistema que é Relativamente Completo é Semanticamente Completo

O argumento pode ser explicado da seguinte forma. Suponha que S é relativamente completo. Como faz Tarski, e seguindo sua terminologia, vamos assumir que todas as sentenças logicamente válidas podem ser derivadas a partir de S. Seja φ uma sentença arbitrária em $L(S)$ ($L(S)$, inclui também todos os símbolos lógicos). Queremos mostrar que ou φ ou $\neg\varphi$ é uma consequência lógica de S. Pela definição de completude relativa, para qualquer sentença φ existe uma sentença lógica φ^* tal que $S \cup \{\varphi\} \vdash \varphi^*$ e $S \cup \{\varphi^*\} \vdash \varphi$.

Se φ é uma sentença lógica, então, por C, ela ou sua negação é uma consequência lógica de S, assim não há nada para provar. Se φ não é lógica, então seja φ^* uma sentença lógica que satisfaça a condição dada na definição de completude relativa para S. Consideramos dois casos. Dado que φ^* é uma sentença lógica, ou todos os modelos de S são modelos de φ^* ou todos os modelos de S são modelos de $\neg\varphi^*$. Primeiro, assuma que todos os modelos de S são modelos de φ^*. Então, qualquer modelo M de S é também um modelo de $S \cup \{\varphi^*\}$. Uma vez que $S \cup \{\varphi^*\} \vdash \varphi$ e, assumimos, o sistema lógico é correto, M é um modelo de φ. Assim, φ é uma consequência lógica de S. Agora, assumamos que todo modelo de S é um modelo de $\neg\varphi^*$. Além disso, por contradição, assumamos que existe um modelo M' de S tal que M' não é modelo de $\neg\varphi$. Desta forma, M' é um modelo de φ, pois $S \cup \{\varphi\} \vdash \varphi^*$ e, portanto, pela correção do sistema lógico, M' é um modelo de φ^*. Isto contradiz a afirmação de que todo modelo de S é um modelo de $\neg\varphi^*$. Portanto, $\neg\varphi$ é uma consequência lógica de S. Consequentemente, S é semanticamente completa.

Note-se que esta afirmação de Tarski fornece um teorema geral sobre as relações conceituais entre completude relativa e completude semântica e é estabelecida de tal forma que não é feita nenhuma qualificação sobre a lógica. Tarski pretende que seu resultado valha, como explicitamente diz, ao menos para o sistema do *Principia Mathematica* e para fragmentos dele.

Tarski também menciona que o converso não vale. Porém, ele não fornece nenhum contraexemplo. O seguinte contraexemplo se deve a John Burgess, e usa somente recursos que Tarski poderia ter à sua disposição. Digamos que $D(<)$ expresse que $<$ ordena o universo na ordem tipo ω. Pelos teoremas de incompletude, existe um $E(<)$ tal que

$$C = \forall X (D(X) \to E(X))$$

é semanticamente válido mas não é sintaticamente demonstrável. Digamos que T seja $C \to D(<)$. Portanto, T é semanticamente equivalente a $D(<)$, que é categórico e, assim, semanticamente completo.

Afirmação: T não é relativamente completo. Especificamente, se $B = D(<)$, então não existe um A puramente lógico tal que $T \to (B \leftrightarrow A)$ seja sintaticamente demonstrável, i.e., tal que (1) abaixo seja sintaticamente demonstrável:

(1) $(C \to D(<)) \to (D(<) \leftrightarrow A)$.

Prova da afirmação: Suponha que exista um tal A. Primeiro, note que as seguintes sentenças são sintaticamente demonstráveis de forma trivial:

(2) $\neg \forall X D(X)$

(3) $\forall X \neg D(X) \to C$.

Então, as seguintes sentenças também são sintaticamente demonstráveis, sendo sintaticamente deriváveis de (1)–(3):

(4)	$\neg C \wedge A \to D(<)$	(1)
(5)	$\neg C \wedge \neg A \to \neg D(<)$	(1)
(6)	$\neg C \wedge A \to \forall X D(X)$	(4)
(7)	$\neg C \wedge \neg A \to \forall X \neg D(X)$	(5)
(8)	$\neg C \to \forall X D(X) : \vee : \forall X \neg D(X)$	(6), (7)
(9)	$\neg C \to \forall X \neg D(X)$	(8), (2)
(10)	$\neg C \to C$	(9), (3)
(11)	C	(10)

Contudo, C fora escolhido para não ser sintaticamente demonstrável.

3.8. Consequências para a Consequência (Lógica)

A importância do que afirmamos acima para uma interpretação correta da noção tarskiana de consequência lógica não pode ser exagerada. Desde a publicação do livro de Etchemendy, *The concept of logical consequence*, muita atenção tem sido devotada à noção tarskiana de consequência lógica. Um intenso debate tem oposto aqueles que, como Etchemendy, alegam que Tarski não permite domínios variáveis, e aqueles que, como Gomez-Torrente (1996) e Ray (1996), favorecem uma leitura de Tarski em termos da nossa noção contemporânea de consequência lógica com domínios variáveis. Para fixar as ideias, a principal diferença entre as duas interpretações é esta. De acordo com Etchemendy, Tarski trabalha com 'o' domínio pretendido da teoria de tipos como pano de fundo e os quantificadores já são interpretados sobre este domínio (veja também Corcoran, 2003). No teste para consequência lógica, os quantificadores não mudam de interpretação (são constantes lógicas e o domínio é fixo), somente as constantes não lógicas variam de interpretação. Consequentemente, quando a sentença que está sendo testada para validez lógica é puramente lógica (como em "existem dois objetos distintos"), a sentença é válida se, e somente se, ela é verdadeira no domínio pretendido e, assim, "existem dois objetos" se mostra válida (uma vez que o universo de indivíduos é usualmente assumido como tendo mais do que um objeto). Para Gomez-Torrente e Ray, esta é uma *reductio ad absurdum* da interpretação. Tarski, eles argumentam, não poderia ter deixado de perceber a importância de permitir que os quantificadores variem no teste para consequência lógica e, de fato, se permitimos que os quantificadores variem sobre diferentes domínios, a sentença em questão não pode ser classificada como uma validade. Em Mancosu (2006), argumento que a evidência fala a favor da interpretação de Etchemendy. Este não é o lugar para apresentar uma evidência detalhada e complexa para suportar minha tese, mas permitam-me salientar dois pontos principais.

Em primeiro lugar, considero seriamente a afirmação tarskiana (feita no artigo de 1936) de que se tratamos as constantes não lógicas como se fossem constantes lógicas, então a consequência lógica e a consequência material coincidiriam. Etchemendy fornece uma explicação perfeitamente coerente desta afirmação enquanto Gomez-Torrente (1996) simplesmente a ignora e Ray (1996) a atribui a um erro da parte de Tarski. Em segundo lugar, a afirmação de Tarski provada acima, de que toda teoria relativamente completa é semanticamente completa, é um resultado matemático significativo que depende essencialmente da afirmação de que todas as sentenças lógicas automaticamente satisfazem a condição de que "ou ela ou sua negação sejam uma consequência lógica do conjunto considerado de sentenças". Sobre uma interpretação com domínio fixo dos quantificadores, a afirmação faz todo o sentido dado que questões de validade lógica para sentenças lógicas se reduzem a questões de verdade na interpretação pretendida. Entretanto, em um domínio variável, a afirmação não faz sentido. Em que sentido a sentença "existem ao menos dois objetos" poderia ser tal que, automaticamente, "ou ela ou sua negação é uma consequência lógica do conjunto considerado de sentenças"? Se considerarmos uma teoria que não implica fatos sobre a cardinalidade de seus modelos, pareceria claro que nem a sentença nem sua negação deveriam ser uma consequência lógica da teoria. Assim, esta afirmação é evidência para o fato de que, em 1936 e também na palestra de 1940, Tarski está oferecendo uma concepção de consequência lógica de domínio fixo.[3]

3.9. Categoricidade

A última parte da palestra é dedicada à questão sobre como determinar se teorias são semanticamente completas. A importância da categoricidade para Tarski consiste no fato de que ela está estreitamente relacionada à completude semântica e à completude relativa. Tarski atribui o conceito de categoricidade a Veblen, mas imediatamente prossegue distinguindo dois significados de categoricidade:

> Distinguiremos, aqui, duas variantes do conceito de categoricidade: categoricidade semântica e categoricidade com respeito à base lógica ou categoricidade relativa, que correm em paralelo, respectivamente, com completude semântica e completude relativa. Porém, não conhecemos e, portanto, não introduziremos nenhum conceito de categoricidade que corra em paralelo com o de completude absoluta (Tarski, 1940:5).

> Diremos que um sistema de sentenças é semanticamente categórico se quaisquer dois modelos deste sistema são isomorfos. O conceito de isomorfismo é um conceito lógico bem conhecido, não é um conceito metodológico ou semântico, e, assim, poderia tomá-lo como já compreendido. Porém, de qualquer forma,

---

[3]Entre os defensores da concepção de consequência lógica de domínio fixo encontra-se Quine. Sobre a concepção quineana de verdade e consequência lógica, veja o esclarecedor artigo Sagüillo (2001).

> gostaria de notar que a definição precisa deste conceito depende
> dos fundamentos lógicos de nossas investigações metodológicas.
> Grossamente falando [e nos adaptando à linguagem do *Principia
> Mathematica*, mas deixando de lado a teoria de tipos], podemos
> dizer que dois sistemas de objetos [classes, relações etc.] O_1,
> $O_2, \ldots, O_n$ e P_1, $P_2, \ldots, P_n$ são isomorfos se existe uma corre-
> spondência 1-1 que mapeia a classe de todos os indivíduos sobre
> si mesma e, simultaneamente, mapeia os objetos O_1, $O_2, \ldots, O_n$
> sobre P_1, $P_2, \ldots, P_n$, respectivamente (Tarski, 1940:5–6).

Antes de tudo, deve ser observado que essa é uma noção mais
forte do que aquela definida originalmente por Veblen devido à
insistência de que a correspondência seja um automorfismo do
domínio, o que não estava presente na definição de categoricidade dada por Veblen em 1904. Também devemos ter em mente
que a noção de categoricidade recém-apresentada não requer que
a lógica seja forte o suficiente para estabelecer os fatos sobre o isomorfismo como um teorema. Em contraste a isso, a seguinte
definição, de categoricidade relativa, faz valerem os recursos da
lógica. O conceito de categoricidade relativa, ou categoricidade
relativa a uma base lógica, é definido após umas poucas considerações preliminares:

> Para obter a segunda variante do conceito de categoricidade, nós
> nos confinaremos, por razões de simplicidade, ao caso no qual
> o sistema de sentenças considerado é finito e contém somente
> uma constante não lógica, digamos, "C". Digamos que "$P(C)$"
> represente o produto lógico de todas estas sentenças. "C" pode
> denotar, por exemplo, uma classe de indivíduos ou uma relação
> entre indivíduos, ou uma classe de tais classes ou relações etc.
> Assumimos, além disso, que a estrutura lógica da teoria dedutiva
> é rica o suficiente para expressar o fato de que dois objetos X e
> Y do mesmo tipo lógico de C são isomorfos, e assumimos que
> este fato é expresso pela fórmula "$X \sim Y$". Agora, podemos cor-
> relacionar, com a sentença semântica que diz que nosso sistema
> é semanticamente categórico, uma sentença equivalente formu-
> lada na linguagem da própria teoria dedutiva. Esta sentença é a
> seguinte:
>
> Para todo X e Y, se $P(X)$ e $P(Y)$, então $X \sim Y$.
>
> Ou, em símbolos, $(X)(Y)[P(X) \wedge P(Y) \rightarrow X \sim Y]$. Dizemos,
> então, que o sistema de sentenças sob consideração é <u>categórico
> com respeito à sua base lógica</u>, ou <u>relativamente categórico</u>, se a
> sentença formulada acima é logicamente válida (Tarski, 1940:6).

Esta segunda noção de categoricidade corresponde exatamente àquela apresentada no artigo "On the definability of concepts" (Tarski, 1983:310). Ali ela é chamada de "categoricidade demonstrável" (veja o artigo com Lindenbaum, 1935, p. 390 de Tarski, 1983), onde teorias satisfazendo a propriedade são chamadas de "categóricas ou monomórfas". É interessante que a noção de categoricidade semântica não ocupa um lugar proeminente nem em Tarski (1935) nem em Tarski-Lindenbaum (1936), embora a possibilidade para a investigação da noção seja assinalada com referência à distinção carnapiana entre a-conceitos (grossamente: conceitos sintáticos) e f-conceitos (grossamente: conceitos semânticos) e a possibilidade de redefinir a-conceitos (tais como categoricidade demonstrável) por meio de f-conceitos. Tarski observa que o movimento para os f-conceitos (conceitos semânticos) fornece diferentes relações conceituais, por exemplo, f-completude coincide com f-não-ramificabilidade (Tarski, 1983:391), o que não é o caso para a-completude e a-não-ramificabilidade.

Na palestra de 1940, Tarski assere dois teoremas sobre categoricidade e completude:

> Teorema I. Todo sistema de sentenças que é categórico com respeito à sua base lógica é também completo com respeito à sua base.
>
> Teorema II. Todo sistema semanticamente categórico de sentenças é também semanticamente completo (Tarski, 1940:6).

Dado que a prova do teorema I é clara a partir do texto da palestra, esboçaremos a prova do teorema II. Assuma que $T(C_1, C_2, \ldots, C_n)$ é semanticamente categórica. Assim, quaisquer dois modelos $(O_1, O_2, \ldots, O_n)$ e $(P_1, P_2, \ldots, P_n)$ do sistema são isomorfos, i.e, existe um isomorfismo R que mapeia todos os indivíduos 1-1 sobre si mesmos e simultaneamente mapeia $O_1, O_2, \ldots, O_n$ em $P_1, P_2, \ldots, P_n$. Seja $S(C_1, C_2, \ldots, C_n)$ qualquer sentença. Afirmação: ou todo modelo de $T(C_1, C_2, \ldots, C_n)$ é um modelo de $S(C_1, C_2, \ldots, C_n)$ ou todo modelo de $T(C_1, C_2, \ldots, C_n)$ é um modelo de $\neg S(C_1, C_2, \ldots, C_n)$. Porque quaisquer dois modelos de $T(C_1, C_2, \ldots, C_n)$ são isomorfos, uma prova por indução sobre a complexidade das fórmulas mostra facilmente que as mesmas sentenças serão verdadeiras em ambos os modelos, e isto prova o resultado.

É importante observar que o teorema não valeria sem a
condição forte de acordo com a qual o isomorfismo R é um automorfismo do domínio. Considere a teoria de um único predicado
singular S, que assere que a extensão de S não coincide com qualquer subconjunto finito de V, onde V é o domínio de indivíduos
(assumido como sendo infinito). Considere, agora, dois modelos
para a teoria, S^* e S^{**}, que são tais que V-S^* contém exatamente
dois elementos e V-S^{**} contém exatamente três elementos. Existe
certamente um mapeamento de S^* em S^{**}, porém, ele não pode
ser um automorfismo de V e, neste caso, a completude semântica não valeria uma vez que o primeiro modelo torna verdadeira
a sentença "existem exatamente dois objetos satisfazendo $\neg S$",
enquanto o segundo modelo tornaria aquela sentença falsa.[4]

Tarski enfatizou a importância da noção fortalecida de categoricidade. Em uma nota a Tarski (1935), ele diz:

> [N]ós usamos a palavra 'categórica' em um sentido diferente e
> um pouco mais forte do que o costumeiro: usualmente é re-
> querido da relação R [...] somente que ele mapeie $x', y', z', \ldots$
> em $x'', y'', z'', \ldots$ respectivamente, mas não que mapeie a classe de
> todos os indivíduos em si mesma. Os conjuntos de sentenças que
> são categóricos no sentido usual (de Veblen) podem ser chama-
> dos de intrinsecamente categóricos, aqueles no novo sentido, de
> absolutamente categóricos. Os sistemas axiomáticos das várias
> teorias dedutivas são, na maioria das vezes, intrinsecamente mas
> não são absolutamente categóricos. Entretanto, é fácil torná-los
> absolutamente categóricos. É suficiente, por exemplo, adicionar
> uma única sentença ao sistema de axiomas da geometria que as-
> sere que todo indivíduo é um ponto (ou, mais geralmente, um que
> determina o número de indivíduos que não são pontos) (Tarski,
> 1983:310-311, nota 1).

Isto ajuda a clarificar os comentários finais da palestra. Ao
concluir sua fala, Tarski chama atenção dos problemas não resolvidos e para a pervasividade da noção de categoricidade:

> Existem alguns problemas concernentes às relações mútuas dos
> conceitos de completude e categoricidade que ainda permanecem

---

[4]O exemplo se orgina de um dado por Tarski a Corcoran para mostrar a diferença entre categoricidade absoluta e categoricidade intrínseca. Sobre os detalhes, veja
Mancosu (2006:224–225).

abertos, por exemplo, o problema quanto a se os conversos dos teoremas I e II são verdadeiros.

Conhecemos muitos sistemas de sentenças que são categóricos. Conhecemos, por exemplo, sistemas categóricos de axiomas para a aritmética dos números naturais, integrais, racionais, reais e complexos, para as geometrias afins, métricas e projetivas de qualquer número de dimensões etc. Todos estes sistemas são semanticamente categóricos, mas se os baseamos em uma lógica suficientemente rica, eles se tornam categóricos também com relação à base lógica. Dos teoremas I e II, percebemos que todos os sistemas mencionados são ao mesmo tempo semanticamente ou relativamente completos. Assim, em oposição à completude absoluta, completude semântica ou relativa é um fenômeno comum (Tarski, 1940:7).

Os comentários acima devem ser lidos à luz do que Tarski havia observado em 1935. Os sistemas mencionados são apenas intrinsecamente categóricos. Assim, para que valha a afirmação de que são semanticamente categóricos, necessitamos acrescentar a suposição, afirmada explicitamente por Tarski em 1935, de que axiomas adicionais sejam acrescentados para que a teoria especifique que todo indivíduo é um ponto ou um número. Sob aquela condição, eles se tornam semanticamente completos.

3.10. Conclusão: Alguns Problemas Abertos

Os problemas levantados por Tarski, longe de serem de interesse apenas histórico, têm ressurgido recentemente na literatura sobre lógica de ordem superior. No artigo com Lindenbaum, Tarski já havia mostrado que "todo sistema axiomático categórico [com respeito à sua base lógica, PM] é não ramificável" (Tarski, 1983:390). Uma vez que a completude relativa é equivalente com não ramificabilidade, isto resulta no Teorema I como apresentado na conferência que estamos discutindo. Tarski assinala que o converso do Teorema I é uma questão aberta. Entretanto, prova um resultado parcial: "todo sistema não ramificável que é efetivamente interpretável na lógica é categórico" (Tarski, 1983:391). Como mencionado anteriormente, este era, na verdade, um dos principais resultados de Carnap, e a prova de Tarski segue essencialmente a de Carnap, embora no marco mais rigoroso desenvolvido por Tarski. Até onde sei, o converso do Teorema I ainda não foi provado.

O que, então, pode ser dito sobre a implicação conversa do teorema II? Na lógica de primeira ordem, ele obviamente não vale. Considere uma teoria sintaticamente completa T que admita modelos infinitos. Ela também é semanticamente completa. Porém, por Löwenheim-Skolem, ela tem modelos de cardinalidade infinitas diferentes e, assim, não é categórica. E sobre a lógica de ordem superior? Se o teorema é formulado admitindo teorias no sentido de conjuntos arbitrários de sentenças em alguma linguagem dada, ela falha também na lógica de ordem superior (Awodey-Reck, 2002b:83).

Tarski e Lindenbaum (Tarski, 1983:391–392) mencionam que completude semântica e não ramificabilidade semântica tem a mesma extensão. Eles afirmam então que se uma teoria (assumida implicitamente como sendo finita) é semanticamente completa e possui um modelo definível na lógica subjacente, então ela é categórica (em algum sentido semântico que não é especificado mais precisamente ali). No artigo que estamos comentando, a noção de categoricidade semântica é formulada requerendo um automorfismo do domínio de indivíduos. Esta é uma condição forte e não constitui exatamente a mesma noção de categoricidade, como usada na teoria de modelos contemporânea (onde temos domínios não fixos; assim, apelar para um automorfismo de 'o' domínio de indivíduos faria pouco sentido).

Nas considerações restantes, mencionarei alguns resultados que têm sido formulados dentro do marco modelo-teorético atual para a lógica de ordem superior (em particular, lógica de segunda ordem) e que têm uma conexão imediata com o converso do teorema II, como formulado por Tarski.

Em primeiro lugar, existem algumas outras condições que também nos permitem inferir categoricidade de completude semântica, dado que a teoria é finita, tais como "ter um modelo com nenhum submodelo próprio" e "ser categórica em alguma potência" (veja Awodey-Reck, 2002b:84).

A restrição a teorias finitas está em consonância com contexto dos primeiros trabalhos sobre estas questões (veja Awodey-Reck, 2002a:25), dado que os pesquisadores estavam interessados em teorias com um número finito de axiomas. Na palestra de Tarski de 1940, restrições de finitude se mostram, de forma implícita, na restrição a um número finito de constantes não lógicas e a discussão sobre categoricidade é levada a cabo (por simplicidade, afirma Tarski) com respeito a sistemas axiomáticos com um número finito de axiomas e uma única constante não lógica. Assim, diferentes questões podem ser levantadas dependendo do quão estritamente consideramos as várias restrições sobre as teorias em questão. Permitam-me mencionar duas delas, embora muitas outras variações pudessem ser acrescentadas. Simplesmente as formularei, seguindo parte da literatura, em termos da lógica de segunda ordem.

Primeiro: existe uma teoria na lógica de segunda ordem com um número finito de axiomas e nenhuma constante não lógica que é semanticamente completa mas não é categórica?

Segundo: existe uma teoria na lógica de segunda ordem com um número finito de axiomas (e um número finito de constantes não lógicas) que é semanticamente completa mas não é categórica?

Uma resposta negativa para a primeira questão foi fornecida por Dana Scott (veja Awodey-Reck, 2002b:83). Alguns outros novos resultados nesta área também são fornecidos em Weaver e Benjamin (2003 e 2005). Com respeito à segunda das questões mencionadas acima, permitam-me mencionar um importante resultado obtido por Solovay e postado na FOM [Foundations of Mathematics] em maio de 2006:

> (Solovay, veja FOM, 16-05-06): Seja A uma teoria de segunda ordem. ZFC + V = L prova "se A é finitamente axiomatizável e semanticamente completa, então A é categórica".

> (Solovay, veja FOM, 16-05-06): existe um modelo de ZFC + V $\neq$ L no qual existe uma teoria de segunda ordem finitamente axiomatizável e semanticamente completa que não é categórica.

3.11. Agradecimentos

Agradeço profundamente a Steve Awodey, John Burgess e Stewart Shapiro por várias úteis conversas que me ajudaram a ver corretamente muitas questões históricas e técnicas levantadas pelo artigo de Tarski. Em particular, agradeço a eles por seus insights na equivalência entre completude relativa e não bifurcabilidade. Além disso, agradeço a John Burgess por me fornecer o belo exemplo, de uma teoria que é semanticamente completa, mas não é relativamente completa, que é dado no texto. Também sou grato a Johannes Hafner e José Sagüillo por seus inestimáveis comentários a versões prévias deste artigo.

3.12. Referências Bibliográficas

Awodey, S. e Carus, A.W. 2001. "Carnap, Completeness, and Categoricity: the Gabelbarkeitssatz of 1928." *Erkenntnis* 54:145–172.

Awodey, S. e Reck, E. 2002a. "Completeness and Categoricity, Part I: 19th century axiomatic and 20th century metalogic." *History and Philosophy of Logic* 23:1–30.

—. 2002b. "Completeness and Categoricity, Part II: 20th century metalogic to 21st century semantics." *History and Philosophy of Logic* 23:77–94.

Carnap, R. 1927. "Eigentliche und uneigentliche Begriffe." *Symposion* 1(4):355–374.

—. 1930. "Bericht über Untersuchungen zur allgemeinen Axiomatik." *Erkenntnis* 1:303–310.

—. 2000 [1928]. *Untersuchungen zur allgemeinen Axiomatik.* T. Bonk and J. Mosterin, eds., Wissenschaftliche Buchgeselllschaft, Darmstadt.

Corcoran, J. 2003. "The Absence of Multiple Universes of Discourse in the 1936 Tarski Consequence-definition Paper." Unpublished typescript, 9 pages.

Etchemendy, J. 1988. "Tarski on Truth and Logical Consequence." *The Journal of Symbolic Logic* 53:51–79.

—. 1990. *The Concept of Logical Consequence.* Harvard University Press, Cambridge.

Feferman, A. e Feferman, S. 2004. *Alfred Tarski: Life and Logic.* Cambridge University Press, Cambridge.

Feferman, S. 2004. "Tarski's conceptual analysis of semantical notions." In A. Benmakhlouf (ed.), *Sémantique et épistémologie,* 79–108. Editions Le Fennec, Casablanca [distrib. J. Vrin, Paris].

Ferreirós, J. 2001. "The road to modern logic—an interpretation." *The Bulletin of Symbolic Logic* 4:441–484.

Fraenkel, A. 1923. *Einleitung in die Mengenlehre.* Springer, Berlin, 2nd edition.

—. 1928. *Einleitung in die Mengenlehre.* Springer, Berlin, 3rd edition.

Gödel, K. 1930. "Vortrag über die Vollständigkeit des Logikkalküls." In Gödel (1995), 16–28. Edited by S. Feferman et al.

—. 1995. *Collected Works III.* Oxford University Press, Oxford. Edited by S. Feferman et al.

Goldfarb, W. 2005. "On Gödel's Way in: The influence of Rudolf Carnap." *The Bulletin of Symbolic Logic* 11:185–193.

Gomez-Torrente, M. 1996. "Tarski on logical consequence." *Notre Dame Journal of Formal Logic* 37:125–151.

Huntington, E. V. 1902. "A complete set of postulates for the theory of absolute continuous magnitudes." *Transactions of the American Mathematical Society* 3:264–279.

Langford, C. H. 1927a. "Some theorems on deducibility." *Annals of Mathematics* 28(2):16–40.

—. 1927b. "Some theorems on deducibility." *Annals of Mathematics* 28(2):459–471.

Mancosu, ed., P. 1998. *From Brouwer to Hilbert. The Debate on the Foundations of Mathematics in the 1920s.* Oxford University Press, New York.

Mancosu, P. 2005. "Harvard 1940–41: "Tarski, Carnap and Quine on a finitist language for mathematics and science"." *History and Philosophy of Logic* 26:327–357.

—. 2006. "Tarski on models and logical consequence." In J. Ferreiros e J. Gray (eds.), *The Architecture of Modern Mathematics*, 209–237. Oxford University Press, Oxford.

Mancosu, P., Zach, R., e Badesa, C. 2009. "The development of mathematical logic from Russell to Tarski: 1900–1935." In L. Haaparanta (ed.), *The Development of Modern Logic*, 318–470. Oxford University Press, New York.

Quine, W. V. e Goodman, N. 1940. "Elimination of extra-logical postulates." *The Journal of Symbolic Logic* 5:104–109.

Ray, G. 1996. "Logical consequence: a defence of Tarski." *The Journal of Philosophical Logic* 25:617–677.

Reck, E. 2008. "Carnap and modern logic." In M. Friedman e R. Creath (eds.), *The Cambridge Companion to Carnap*, 176–199. Cambridge University Press, Cambridge.

Sagüillo, J. 2002. "Quine on logical truth and consequence." *AGORA, Papeles de Filosofia, 2001* 20:139–156.

Scanlan, M. 2003. "American postulate theorists and Alfred Tarski." *History and Philosophy of Logic* 24:307–325.

Sinaceur, H. 2000. "Address at the Princeton University Bicentennial Conference on problems of mathematics." By A. Tarski, *Bulletin of Symbolic Logic*, 6: 1–44.

—. 2001. "Alfred Tarski: Semantic shift, heuristic shift in metamathematics." *Synthese* 126:49–65.

Tarski, A. 1934/5. "Einige methodologische Untersuchungen über die Definierbarkeit der Begriffe." *Erkenntnis* 5:80–100. Reprinted in Tarski 1986, vol. I, pp. 637–659. English translation with revisions in Tarski 1983, pp. 296–319.

—. 1936a. "Über den Begriff der logischen Folgerung." In *Actes du Congrès International de Philosophie Scientifique*, volume 7, 1–11. Actualités Scientifiques et Industrielles, Herman, Paris. Reprinted in Tarski 1986, vol. II, pp. 269–282. English translation with revisions in Tarski 1983, pp. 409–420.

—. 1936b. "O pojeciu wynikania logicznego." *Przeglad Filozoficzny* 39:58–68. English translation in Tarski 2002.

—. 1940. "On the Completeness and Categoricity of Deductive Systems." Unpublished typescript, Alfred Tarski Papers, Carton 15, Bancroft Library, U.C. Berkeley.

—. 1948. *A Decision Method for Elementary Algebra and Geometry*. University of California Press, Berkeley. Second, rev. ed. 1951.

—. 1967. *The Completeness of Elementary Algebra and Geometry*. CNRS, Institut Blaise Pascal, Paris. Now reprinted in Tarski 1986, vol. IV, pp. 289–346.

—. 1983. *Logic, Semantics, Metamathematics*. Oxford University Press, Oxford, second edition. First edition, 1956.

—. 1986. *Collected Papers*, volume I–IV. S. Givant and R. McKenzie (eds.), Birkhäuser, Basel.

—. 1995. "Some current problems in metamathematics." *History and Philosophy of Logic* 16:159–168.

—. 2002. "On the concepts of following logically." *History and Philosophy of Logic* 23:155–196. A translation of Tarski 1936b.

Tarski, A. e Lindenbaum, A. 1936. "Über die Beschränktheit der Ausdrucksmittel deduktiver Theorien." *Ergebnisse eines mathematischen Kolloquiums* 7:15–22. English Translation in Tarski 1983, pp. 384–392.

Van Heijenoort, J. 1967. *From Frege to Gödel. A source book in mathematical logic 1879–1931*. Harvard University Press, Cambridge (Mass.).

Veblen, O. 1904. "A system of axioms for geometry." *Transactions of the American Mathematical Society* 5:343–384.

Weaver, G. e Benjamin, G. 2002. "The Fraenkel-Carnap question for Dedekind algebras." *Mathematical Logic Quarterly* 49:92–96.

—. 2005. "Fraenkel-Carnap Properties." *Mathematical Logic Quarterly* 51:285–290.

Apêndice: A. Tarski. Sobre a Completude e Categoricidade de Sistemas Dedutivos

[Texto da palestra dada por Alfred Tarski em Harvard em janeiro de 1940.]

Nesta palestra, eu gostaria de discutir dois conceitos da metodologia contemporânea das ciências dedutivas que são muito importantes e estreitamente relacionados, a saber, completude e categoricidade. Começaremos com o conceito de completude e distinguiremos, aqui, três de suas variantes. Contudo, uma parte considerável de minha palestra será devotada ao primeiro, e do ponto de vista intuitivo, o mais importante, tipo de completude, i.e., a completude absoluta, a qual me referirei também simplesmente como completude.

A definição de completude absoluta é a seguinte: um sistema de sentenças [e̶n̶u̶n̶c̶i̶a̶d̶o̶s̶] de uma teoria dedutiva é chamado de absolutamente completo ou simplesmente completo se toda sentença que pode ser formulada na linguagem desta teoria é decidível, isto é, ou é derivável ou é refutável neste sistema. Assumimos que se encontra determinado, para uma dada teoria dedutiva, quais expressões são tratadas como sentenças e sob quais condições uma sentença é dita como sendo derivável de outras sentenças ou refutável por elas. Para explicar o que queremos dizer com "derivabilidade", nós devemos formular as assim chamadas regras de inferência e diremos que uma sentença é derivável de outras se ela pode ser obtida a partir delas pela aplicação das regras de inferência um número finito de vezes. Assumimos que estas regras de inferência têm um caráter construtivo, em outras palavras, que dizem respeito somente à forma das sentenças (e não ao seu significado) e que somos capazes de decidir, em qualquer caso, se uma dada sentença pode ser obtida a partir de outras por uma aplicação de qualquer destas regras.

Sobre o conceito de refutabilidade, na maioria dos casos é suficiente assumir que uma sentença é refutável se e somente se sua negação é derivável. Assim, podemos dizer que um sistema é completo se, para toda sentença, ou ela ou sua negação é derivável. Vale lembrar, neste ponto, que um sistema de sentenças é consistente se, para qualquer sentença, ela própria e sua negação não são ambas deriváveis.

É fácil entender a importância do conceito de completude. O desenvolvimento de toda ciência dedutiva consiste na formulação, na linguagem da teoria, de problemas da forma "é tal-e-tal o caso?" e então tentar resolvê-los com base nas sentenças assumidas, chamadas de axiomas. É claro que todo problema desta forma pode ser decidido de dois modos: ou com uma resposta afirmativa, ou com uma resposta negativa. Na primeira alternativa, a resposta é "tal-e-tal é o caso", na segunda alternativa, ela é "tal-e-tal não é o caso". Agora, a completude de um dado sistema de axiomas garante que todo problema deste tipo, formulado inteiramente nos termos de nossa teoria, pode ser resolvido ao menos de um dos modos com base na própria teoria. Podemos acrescentar que estamos interessados exclusivamente naquelas teorias dedutivas que, independentemente de serem completas ou não, são consistentes. A consistência de uma teoria garante que nenhum problema do tipo mencionado acima possa ser resolvido dos dois modos, isto é, tanto afirmativamente quanto negativamente. Assim, se uma teoria é completa e consistente, nós podemos estar certos de que qualquer problema daquele tipo possui uma e somente uma solução.

Várias teorias dedutivas foram testadas com respeito a sua completude. Até o momento, na literatura sobre este problema, foram encontrados poucos resultados do tipo positivo. Entre os sistemas que foram provados completos com base nas investigações até agora publicadas podem ser mencionados, entre outros, alguns sistemas do cálculo de enunciados (*Post* e outros), da álgebra de Boole (*Loewenheim* e outros), da teoria de ordem linear

(*Langford* e outros) e, finalmente, da teoria da adição de números naturais (*Presburger*). As teorias dedutivas nas quais todos esses sistemas estão contidos possuem uma estrutura lógica elementar e um parco conteúdo matemático. A simplicidade da estrutura encontra sua expressão no fato de que em cada um desses sistemas todas as variáveis pertencem a somente um tipo lógico e todos os conceitos lógicos são retirados das partes mais elementares da lógica matemática—o cálculo de enunciados e o cálculo funcional restrito; nenhum problema muito profundo, factualmente ou historicamente importante, pode ser formulado dentro dos limites dos sistemas em questão, e todos os problemas que podem ser formulados podem ser decididos com os meios mais simples e de uma maneira uniforme. Além disso, durante o período no qual nenhuma prova exata de sua completude era ainda vislumbrada, presumivelmente ninguém teria considerado a possibilidade de encontrar uma sentença em um desses sistemas que não fosse ou derivável ou refutável. Isto também não é contradito pela circunstância de que as provas de completude que foram encontradas para esses sistemas não são de modo algum triviais, mas sim interessantes e importantes do ponto de vista metodológico.

Eu tenho estado interessado no problema da completude com relação a outras disciplinas matemáticas, a saber, álgebra clássica e geometria euclidiana elementar. Muitos anos atrás, consegui fornecer provas de completude para certos sistemas de álgebra e geometria, mas elas ainda não foram publicadas. A estrutura lógica das teorias que investiguei não é menos elementar do que aquela das teorias investigadas anteriormente. Todas essas teorias podem ser formuladas dentro dos limites do cálculo funcional restrito. Entretanto, parece-me que o conteúdo matemático das teorias com as quais tratei é consideravelmente mais rico. Assim, a álgebra formalizada que considerei contém conceitos tais como as relações de igualdade e diferença, as quatro operações aritméticas de adição, subtração, multiplicação e divisão e, além disso, qualquer número natural individual tal como 0, 1, 2 etc. (embora o conceito geral de número natural não encontre lugar nessa teoria). Com a ajuda desses conceitos, podemos construir polinômios algébricos e equações de qualquer grau desejado, variados problemas acerca da divisibilidade de polinômios, a solubilidade de equações etc. podem ser formalizados [~~dentro da teoria considerada~~] e resolvidos e, desta forma, partes compreensivas da álgebra clássica podem ser desenvolvidas na teoria considerada.

No que diz respeito ao sistema de geometria que investiguei, é importante estabelecer o fato de que o todo da geometria elementar, como ela ocorre, por exemplo, nos <u>Elementos</u> de <u>Euclides</u> (em particular, a teoria das congruências, paralelas, proporções etc.), pode ser desenvolvido nela quase sem nada restar. O mesmo vale para certos domínios da geometria superior, por exemplo, a teoria das seções cônicas ou, de modo mais geral, das curvas algébricas de determinado grau. Fora do sistema, permanecem problemas e teoremas nos quais o conceito geral de número natural aparece implícita ou explicitamente, por exemplo, teoremas acerca de polígonos com qualquer número de lados, assim como várias partes da geometria moderna que são essencialmente influenciadas pela teoria de conjuntos, por exemplo, topologia ou a teoria dos corpos convexos.

Em conexão com o conteúdo relativamente rico dos sistemas de álgebra e geometria que considerei, seria possível mencionar numerosos problemas historica e materialmente importantes que surgiram no curso da história da matemática com base nessas teorias e que podem ser decididos com seus meios de prova. Na construção dessas teorias e, especialmente, na solução dos problemas mencionados, vários modos de inferência, de forma alguma triviais, são aplicados. A solução positiva do problema de completude para os sistemas de álgebra e geometria aqui tratados dificilmente parecerá óbvia ou mesmo muito plausível para qualquer um.

Deveria ser enfatizado que todas as provas de completude [encontradas até o momento] têm um caráter "efetivo" no seguinte sentido: não é mostrado de forma meramente teórica que toda sentença de uma dada teoria é demonstrável ou refutável, mas é dado, ao mesmo tempo, um procedimento que permite que toda sentença seja realmente demonstrada ou refutada pelas regras de inferência desta teoria. Ao fim de tal prova, não é resolvido somente o problema de completude, mas também o problema da decisão para o sistema sob consideração. Em outras palavras, toda prova deste tipo mostra que é possível construir uma máquina que fornece uma solução automática para todo problema que pode surgir na teoria dada. Em particular, se segue de meus resultados que tal máquina pode ser construída para a álgebra e para a geometria elementares.

Em contradição com os resultados positivos discutidos até aqui, um importante resultado negativo sobre o problema da completude é hoje conhecido. Gödel mostrou que qualquer sistema de [sentenças] axiomas de uma dada ciência dedutiva não pode ser completo se a teoria da adição e multiplicação de números inteiros pode ser formulada dentro da linguagem desta ciência e pode ser fundada sobre o sistema de [sentenças] axiomas considerado e se, além disso, algumas condições adicionais concernentes principalmente à consistência do sistema em questão são cumpridas.

Entre outros sistemas que caem sob o escopo desse resultado se encontram também aqueles que podem ser obtidos por uma extensão natural da álgebra e da geometria da qual falei anteriormente. Em geral, o domínio de aplicação desse resultado é muito amplo e não é limitado essencialmente pelas premissas que condicionam a incompletude do sistema, pois é bem sabido que a aritmética dos números inteiros pode ser formalizada dentro de qualquer teoria dedutiva com uma estrutura lógica suficientemente rica, ainda que os conceitos da própria aritmética não ocorram explicitamente nesta teoria. E, quanto à condição de consistência, pode ser dito que não estamos interessados em sistemas que não satisfazem essa condição porque sua falha em qualquer sistema dá surgimento à suspeita bem fundada de que o sistema em questão contém sentenças que são falsas do ponto de vista intuitivo. Mais ainda, somos capazes, usualmente, de mostrar que os sistemas com os quais tratamos satisfazem esta condição desde que estejamos dispostos a aceitar métodos de prova suficientemente fortes.

Deve ser notado que os sistemas que são mostrados incompletos pelo método de Gödel são, em certo sentido, essencialmente incompletos, isto é, não podem ser completados por recursos de caráter construtivo, em particular, pela adição de qualquer número finito de [sentenças] axiomas ou de um número finito de regras construtivas de inferência.

Com base no que dissemos anteriormente, percebemos que a completude absoluta ocorre mais como uma exceção no domínio das ciências dedutivas e de modo algum pode ser tratada como uma demanda metodológica universal.

Em conexão com isso, eu quero chamar atenção para certos conceitos estreitamente relacionados ao conceito de completude absoluta, que são o resultado de enfraquecer este conceito e cuja ocorrência não é um fenômeno excepcional. Tenho em mente aqui, em primeiro lugar, a completude com respeito à base lógica, denotada brevemente como completude relativa, e, em segundo lugar, completude semântica. Ambos os conceitos são de uma natureza um pouco mais complicada e para torná-los mais precisos devemos alargar o domínio de conceitos com os quais lidamos até agora.

No que se segue assumimos que os conceitos (termos constantes) de uma teoria dedutiva são divididos em duas classes, os lógicos e os não lógicos, sendo que aos primeiros pertencem, em qualquer caso, as constantes do cálculo de sentenças e os quantificadores. Correspondentemente, dividimos as sentenças de nossa teoria em duas classes, as lógicas e as não lógicas, dependendo de se elas contém exclusivamente constantes lógicas ou não.

Entre as sentenças lógicas, separamos as sentenças logicamente válidas. Isto é feito, usualmente, de modo axiomático: as sentenças logicamente válidas são definidas como aquelas que podem ser obtidas aplicando as regras de inferência determinadas aos axiomas lógicos dados.

A classe das sentenças logicamente válidas forma a base lógica da teoria dedutiva dada, e assumimos que o conceito de derivabilidade tem sido determinado para a teoria dedutiva em questão de tal modo que toda sentença logicamente válida é derivável de qualquer sistema de sentenças lógicas ou não lógicas. Estaremos interessados aqui somente naquelas teorias dedutivas nas quais de fato ocorrem sentenças não lógicas, e, com respeito a sua completude, consideraremos exclusivamente sistemas consistindo de sentenças não lógicas. Para simplificar nossa discussão, assumimos também que não existem constantes não lógicas de nossa teoria que não ocorram nas sentenças do sistema sob consideração.

Tomando uma teoria dedutiva qualquer, consideremos um sistema arbitrário de sentenças não lógicas desta teoria. Como teoria, pensamos em algo como, por exemplo, o sistema do *Principia Mathematica* ou de um fragmento dele, mas, em ambos os casos, enriquecido por certas constantes não lógicas, por exemplo, constantes geométricas, e, como um sistema de sentenças, um sistema de axiomas para a geometria euclidiana; os conceitos não lógicos que ocorrem nestes axiomas são usualmente chamados de os conceitos "primitivos" ou [~~indefinidos~~] fundamentais do sistema axiomático dado. Se a base lógica de nossa teoria é rica o suficiente, podemos formalizar a aritmética dos números naturais dentro de seus limites e, por esta razão, sua base lógica é incompleta, i.e., existem sentenças lógicas que não são logicamente válidas e cujas negações também não são logicamente válidas. Em outras palavras, existem problemas que pertencentes inteiramente à parte lógica de nossa teoria que não podem ser resolvidos seja afirmativamente, seja negativamente, com os meios puramente lógicos à nossa disposição.

Se demandamos, de nosso sistema de sentenças não lógicas, que seja completo, teríamos que tomar os problemas lógicos, que foram descobertos como sendo indecidíveis por meios puramente lógicos, e resolvê-los com base em axiomas nãológicos. Parece ser claro, assim, que tal demanda [e ela se segue de] é excessiva, mas podemos, ao menos, requerer que o sistema de sentenças em questão não deveria estender a incompletude da parte lógica de nossa teoria. Para formular este requerimento de um modo exato, chamemos duas sentenças dadas de equivalentes com respeito ao sistema de sentenças sob consideração quando, se este sistema é enriquecido pela adição da primeira destas sentenças, a segunda se torna derivável, e vice-versa. Nosso requerimento pode agora ser formulado do seguinte modo: para qualquer sentença de nossa teoria, deve haver uma sentença lógica que é equivalente a ela com respeito ao sistema de sentenças dado. Se esta condição é satisfeita, dizemos que o sistema considerado é <u>completo com respeito a sua base lógica</u> ou, simplesmente, que ele é <u>relativamente completo</u>. É claro que no caso no qual a base lógica é, ela mesma, completa, a completude relativa se reduz à completude absoluta. Em geral, estes dois conceitos não são idênticos: embora todo sistema completo seja, a fortiori, relativamente completo, o converso nem sempre vale. Porém, estamos pelo menos certos de que, com base em um sistema relativamente completo, as sentenças são decidíveis na mesma medida, por assim dizer, que as sentenças lógicas.

Vamos, agora, introduzir o conceito de completude semântica. Porque a incompletude é um fenômeno tão geral, surge o problema sobre se isto se deve à nossa concepção de derivabilidade. O conceito de derivabilidade, desenvolvido na lógica moderna e ali reduzido ao conceito de regras construtivas de inferência, pretendia ser um análogo formal do conceito intuitivo de consequência lógica. Assim, surge a dúvida quanto a se esta pretensão foi realizada. Eu discuti esta questão em alguns de meus artigos publicados alguns anos atrás e nesta conferência eu posso somente tirar proveito do resultado final dessa discussão. Foi mostrado que entre o conceito intuitivo de consequência lógica e o conceito formal de derivabilidade existia uma enorme lacuna. Se queremos [fazer] formular uma definição exata do conceito de consequência lógica [é preciso, é necessário] devemos aplicar métodos e conceitos completamente distintos.

O papel mais importante aqui é desempenhado pelo conceito de modelo ou realização. Consideremos um sistema de sentenças não lógicas e sejam, por exemplo, "C_1", "C_2",..., "C_n", todas as constantes não lógicas que ocorrem no sistema. Se substituímos estas constantes por variáveis "X_1", "X_2",..., "X_n", nossas sentenças são transformadas em funções sentenciais com n variáveis livres e podemos dizer que essas funções expressam certas relações entre n objetos ou certas condições a serem cumpridas por n objetos. Agora, vamos chamar um sistema de n objetos O_1, O_2,..., O_n de um modelo do sistema de sentenças em questão se estes objetos realmente cumprem todas as condições expressas nas funções sentenciais obtidas. É possível, é claro, que o sistema todo se reduza a uma sentença. Neste caso, falamos simplesmente do modelo desta sentença. Dizemos, agora, que uma dada sentença é uma consequência lógica do sistema de sentenças se todo modelo do sistema é também um modelo desta sentença.

Os conceitos que acabamos de usar, tais como "cumprimento"

e "modelo", têm um caráter semântico, pois expressam algumas relações entre expressões de uma linguagem e objetos "acerca dos quais se fala" nessas expressões. Uma vez que o conceito de consequência lógica é baseado em conceitos semânticos, ele também pertence ao domínio da semântica. E se, na definição de completude, substituímos o conceito de derivabilidade pelo conceito semântico de consequência lógica, alcançamos o conceito de completude semântica. Assim, um sistema de sentenças de uma dada teoria dedutiva é chamado de semanticamente completo se toda sentença que pode ser formulada na teoria dada é tal que ou ela ou sua negação é uma consequência lógica do conjunto de sentenças sob consideração. Devemos notar que a condição antes mencionada é satisfeita por qualquer sentença lógica, portanto, podemos deduzir sem dificuldade que o conceito de completude semântica é uma generalização do conceito de completude relativa: todo sistema que é relativamente completo é, também, semanticamente completo (mas pode ser mostrado por meio de um exemplo que o converso não é verdadeiro).

Perguntamos, agora, por quais meios pode ser mostrado que um dado sistema de sentenças é semanticamente ou relativamente completo. À primeira vista, poderia parecer que os métodos que têm que ser aplicados aqui não são essencialmente diferentes ou mais simples do que aqueles que são usados na investigação da completude absoluta. Tanto aqui quanto lá, temos que estabelecer que toda sentença de uma dada teoria tem certa propriedade, e poderia parecer que isso não pode ser estabelecido sem uma investigação metodológica exaustiva acerca de todas as formas possíveis de sentenças. Contudo, este acaba não sendo o caso. Nós veremos, especialmente, que o conceito de completude relativa e completude semântica estão estreitamente relacionados ao conceito de categoricidade (de Veblen), e a investigação deste último conceito não requer, em geral, quaisquer investigações metodológicas especiais e sutis. Distinguiremos, aqui, duas variantes do conceito de categoricidade: categoricidade semântica e categoricidade com respeito à base lógica ou categoricidade relativa, que correm em paralelo, respectivamente, com completude semântica e completude relativa. Porém, não conhecemos e, portanto, não introduziremos nenhum conceito de categoricidade que corra em paralelo com o de completude absoluta.

Diremos que um sistema de sentenças é semanticamente categórico se quaisquer dois modelos deste sistema são isomorfos. O conceito de isomorfismo é um conceito lógico bem conhecido, não é um conceito metodológico ou semântico e, assim, eu poderia tomá-lo como já compreendido. Porém, de qualquer forma, gostaria de notar que a definição precisa deste conceito depende dos fundamentos lógicos de nossas investigações metodológicas. Grosso modo [e nos adaptando à linguagem do *Principia Mathematica*, mas deixando de lado a teoria de tipos], podemos dizer que dois sistemas de objetos [classes, relações etc.] $O_1, O_2, \ldots, O_n$ e $P_1, P_2, \ldots, P_n$ são isomorfos se existe uma correspondência 1-1 que mapeia a classe de todos os indivíduos sobre si mesma e, simultaneamente, mapeia os objetos $O_1, O_2, \ldots, O_n$ sobre $P_1, P_2, \ldots, P_n$, respectivamente.

Para obter a segunda variante do conceito de categoricidade nós nos confinaremos, por razões de simplicidade, ao caso no qual o sistema de sentenças considerado é finito e contém somente uma constante não lógica, digamos, "C". Seja "$P(C)$" o produto lógico de todas estas sentenças. "C" pode denotar, por exemplo, uma classe de indivíduos ou uma relação entre indivíduos, ou uma classe de tais classes ou relações etc. Assumimos, além disso, que a estrutura lógica da teoria dedutiva é rica o suficiente para expressar o fato de que dois objetos X e Y do mesmo tipo lógico de C são isomorfos, e assumimos que este fato é expresso pela fórmula "$X \sim Y$". Agora, podemos correlacionar, com a sentença semântica que diz que nosso sistema é semanticamente categórico, uma sentença equivalente formulada na linguagem da própria teoria dedutiva. Esta sentença é a seguinte:

Para todo X e Y, se $P(X)$ e $P(Y)$ então $X \sim Y$ ou, em símbolos, $(X)(Y)[P(X) \wedge P(Y) \to X \sim Y]$.

Dizemos, então, que o sistema de sentenças sob consideração é categórico com respeito à sua base lógica, ou relativamente categórico, se a sentença formulada acima é logicamente válida. Não é muito fácil mostrar a importância intuitiva do conceito de categoricidade. Poderíamos dizer que é importante para nós sabermos que um dado sistema de axiomas é categórico porque, neste caso, do ponto de vista dedutivo, o modelo deste sistema é unicamente determinado. Contudo, dizendo isso, meramente repetimos a definição de categoricidade de uma forma menos precisa. Parece que o melhor modo de exibir a significância do conceito de categoricidade é conectá-lo com aquele de completude. Estas conexões encontram sua expressão nos dois teoremas seguintes, recentemente demonstrados.

Teorema I. Todo sistema de sentenças que é categórico com respeito à sua base lógica é também completo com respeito à sua base.

Teorema II. Todo sistema semanticamente categórico de sentenças é também semanticamente completo.

Como as provas destes teoremas são análogas, esboçaremos somente a primeira. Assumamos, por simplicidade, que nas sentenças da teoria dada, aparece somente uma constante não lógica, digamos, "C". Além disso, seja "$P(C)$" o produto lógico de todas as sentenças do sistema categórico considerado. Assim, de acordo com a definição de categoricidade relativa, a seguinte sentença é logicamente válida:

(1) $(X)(Y)[P(X) \wedge P(Y) \to X \sim Y]$

Consideremos, agora, uma sentença arbitrária de nossa teoria, digamos, "$S(C)$". Foi demonstrado com respeito a todos os sistemas lógicos conhecidos que a seguinte sentença é também logicamente válida:

(2) $(X)(Y)[X \sim Y \wedge S(X) \to S(Y)]$

De (1) e (2), percebemos que a seguinte sentença é logicamente válida:

(3) $(X)(Y)[P(X) \wedge P(Y) \wedge S(X) \to S(Y)]$

Se substituímos "C" por "X" em (3), percebemos, por uma leve transformação, que a seguinte sentença é derivável do sistema de sentenças sob consideração:

$$S(C) \to (Y)[P(Y) \to S(Y)].$$

Isto significa que se nós enriquecemos nosso sistema de sentenças adicionando a sentença $S(C)$, a seguinte sentença

$$(Y)[P(Y) \rightarrow S(Y)]$$

que é obviamente lógica, torna-se derivável. Porém, também é óbvio que se enriquecemos nosso sistema com essa sentença, então a sentença $S(C)$ se torna derivável. Assim, ambas as sentenças são equivalentes com respeito ao nosso sistema de sentenças. Provamos, portanto, que, para qualquer sentença da teoria em questão, uma sentença lógica equivalente pode ser construída. Em outras palavras, nosso sistema de sentenças é completo com respeito à sua base lógica, e nosso teorema é provado.

Existem alguns problemas concernentes às relações mútuas dos conceitos de completude e categoricidade que ainda permanecem abertos, por exemplo, o problema quanto a se os conversos dos teoremas I e II são verdadeiros.

Conhecemos muitos sistemas de sentenças que são categóricos. Conhecemos, por exemplo, sistemas categóricos de axiomas para a aritmética dos números naturais, inteiros, racionais, reais e complexos, para as geometrias afins, métricas e projetivas de qualquer número de dimensões etc. Todos estes sistemas são semanticamente categóricos, mas se os baseamos em uma lógica suficientemente rica, eles se tornam categóricos também com relação à base lógica. Dos teoremas I e II, percebemos que todos os sistemas mencionados são ao mesmo tempo semanticamente ou relativamente completos. Assim, em oposição à completude absoluta, completude semântica ou relativa é um fenômeno comum.

Parte II

Filosofia da Prática Matemática

Estilo na Matemática

Este ensaio começa com uma taxonomia dos principais contextos nos quais se tem apelado para a noção de 'estilo' em matemática desde os princípios do século XX. Estes incluem o uso da noção de estilo em história comparativa cultural da matemática, na caracterização de estilos nacionais e na descrição da prática matemática. Tais desenvolvimentos são, então, relacionados com o tratamento mais familiar do estilo na história e na filosofia das ciências naturais, onde distinguimos estilos 'locais' e estilos 'metodológicos'. Argumentamos que o *locus* natural do 'estilo' na matemática cai entre os estilos 'locais' e 'metodológicos' descritos pelos historiadores e filósofos da ciência. Finalmente, a última parte do ensaio revisa algumas das principais concepções de estilo na matemática, as de Hacking e Granger, e examina suas implicações epistemológicas e ontológicas.

5.1. Introdução

O objetivo deste ensaio é mapear e analisar a literatura sobre estilo na história e filosofia da matemática. Em particular, próximo ao final, tocaremos na questão sobre como podemos abordar filosoficamente a noção de 'estilo' em matemática. Deve-se assinalar desde o início que este não é um dos tópicos canônicos em filosofia da matemática e que este artigo terá alcançado seu objetivo pretendido caso tenha aberto a discussão quanto a se o estilo em matemática é de relevância para a filosofia ou não. Dadas as discussões similares em história e filosofia da ciência (veja abaixo), existem razões para pensarmos que a resposta deve ser afirmativa. O filósofo analítico da matemática poderia entender o material discutido aqui como fornecendo 'dados' preliminares que poderiam ajudar na articulação do problema.

Falar sobre a matemática em termos de um estilo é um fenômeno relativamente comum. Encontramos apelos a características estilísticas na matemática já nos princípios do século XVII. Bonaventura Cavalieri, por exemplo, já em 1635, contrasta suas técnicas indivisibilistas com o estilo arquimediano:

> Sei, de fato, que todas as coisas mencionadas acima [os próprios teoremas de Cavalieri obtidos por provas indivisibilistas] podem ser reduzidas ao estilo arquimediano [No original em Latin: *"Scio autem praefata omnia ad stylum Archimedeum reduci posse"*] (Cavalieri, 1635:235).

Posteriormente, é mais fácil encontrar exemplos. Por exemplo, Leibniz (1701:270–71) escreve: "A análise não difere do estilo de Arquimedes exceto pelas expressões que são mais diretas e mais apropriadas para a arte da descoberta" (em francês: *"L'analyse ne diffère du style d'Archimède que dans les expressions, qui sont plus directes et plus conformes à l'art d'inventer"*). É um fato interessante que tais ocorrências antecedem o uso generalizado da noção de estilo na pintura, que somente data dos anos 1660—ocorrências esporádicas, como assinalado por Sauerländer (1983), são encontradas no século XVI. Anteriormente, no século XVII, a palavra escolhida em pintura era *"manière"* (veja Panofsky, 1924; tradução inglesa, 1968:240). Eis aqui um par de exemplos adicionais dos séculos XIX e XX. Chasles em seu *Aperçu historique* (1837), falando sobre Monge, diz:

> Ele iniciou um novo modo de escrever e falar sobre esta ciência. O estilo, de fato, se encontra tão intimamente fundido com o espírito da metodologia que deve avançar em consonância com ela; além disto, se ele a antecipou, o estilo deve necessariamente desempenhar uma influência poderosa sobre ela e sobre o progresso geral da ciência (Chasles, 1837, §18, p. 207).

Outro exemplo advém da avaliação de Edward da abordagem de Dedekind à matemática:

> Ninguém pode duvidar do brilhantismo de Kronecker. Tivesse ele um décimo da habilidade de Dedekind para formular e expressar suas ideias claramente, suas contribuições poderiam ter

sido ainda maiores do que as dele. Entretanto, como está, seu
brilhantismo, em grande medida, morreu com ele. O legado
de Dedekind, por outro lado, consistiu não somente de importantes teoremas, exemplos e conceitos, mas de todo um estilo em
matemática que tem servido de inspiração para sucessivas ger-
ações (Edwards, 1980:20).

Obviamente, poderíamos empilhar citações do mesmo tipo
(veja, entre outros, Cohen, 1992; de Gandt, 1986; Dhombres, 1993;
Epple, 1997; Fleckenstein, 1955; Granger, 2003; Høyrup, 2005;
Laugwitz, 1993; Novy, 1981; Reck, 2009; Tappenden, 2005; Weiss,
1939; Wisan, 1981), mas não seria muito interessante. Mesmo
na matemática, o estilo varia de 'estilos individuais' para 'estilos nacionais' e para 'estilos epistêmicos', entre outros. O que é
necessário é, antes de tudo, um entendimento dos principais contextos nos quais ocorre o apelo ao 'estilo' em matemática, embora
este ensaio não contenha muita discussão dos 'estilos individuais' (exemplos incluiriam, para seguir uma sugestão de Enrico
Bombieri, os estilos "*muito* pessoais" de Euler, Ramanujan, Riemann, Serre e A. Weil).

Em muitos casos, o apelo à noção de estilo é concebido como
tomado emprestado das belas artes, e alguns exemplos serão discutidos a seguir. Harwood (1993) alega que "o conceito de estilo
foi criado para classificar padrões culturais observados no estudo
das belas artes". Wessely (1991) fala sobre "transferir aquele conceito [de estilo] para a história da ciência" (p. 265). Enquanto
isso, talvez, possa ser verdadeiro para o século XX, devemos ter
em mente, como foi observado acima, que esta afirmação deve
ser qualificada para o século XVII.

5.2. Estilo Como um Conceito Central em História Comparativa Cultural

Apesar da ressalva anterior, é um fato que os principais apelos à
categoria de estilo em matemática no século XX foram realizados
com referência às artes. Isto é especialmente verdadeiro daqueles autores que pretendiam explicar, de uma forma unificada, a
produção cultural da humanidade e que viam, assim, uma uni-
formidade no processo de produção artística e científica. Foi neste

contexto que Oswald Spengler, em *O Declínio do Ocidente* (1918, 1921) tentou realizar uma morfologia da história mundial e alegou que a história da matemática era caracterizada por diferentes épocas estilísticas que dependiam da cultura que as produziu:

> O estilo de qualquer matemática nascente depende totalmente da Cultura na qual está enraizada, dos homens que a constroem. O espírito pode desenvolver cientificamente as possibilidades inerentes desta Cultura, pode lidar com ela praticamente, pode alcançar a máxima maturidade em seu tratamento, mas é completamente impotente para alterá-las. A ideia da geometria Euclidiana é realizada nas primeiras formas do ornamento Clássico, e aquela do Cálculo Infinitesimal nas primeiras formas da arquitetura gótica, séculos antes do nascimento dos primeiros estudiosos matemáticos das respectivas Culturas (Spengler, 1918:59).

Não apenas existem paralelos entre a matemática e as outras produções artísticas de uma cultura. Com base no enunciado de Goethe de que o matemático completo "sente dentro de si mesmo a beleza da verdade" e no pronunciamento de Weierstrass de que "aquele que não tem, ao mesmo tempo, um pouco de poeta, nunca será um verdadeiro matemático", Spengler segue caracterizando a própria matemática como uma arte:

> A matemática, então, é uma arte. Como tal, possui seus estilos e períodos estilísticos. Ela não é, como imaginam o leigo e o filósofo (que, à sua maneira, é um leigo também), de substância imutável, mas é sujeita, como toda arte, a mudanças imperceptíveis de época para época (Spengler, 1918:62)

O tratamento mais extenso que parte do paralelo entre arte e matemática e explora a noção de estilo como uma categoria central para uma análise da história da matemática é aquele de Max Bense. Em um livro apropriadamente intitulado *Konturen einer Geistesgeschichte der Mathematik* (1946), Bense devotou todo um capítulo (capítulo 2) à articulação de como a noção de estilo se aplica à matemática. Para Bense, o estilo é forma:

> Pois o estilo é forma, forma essencial, e designamos esta forma como a "Estética", ela controla categorialmente o sensível, o material (Bense, 1946:118).

Bense via a história da arte e a história da matemática como aspectos da história do espírito [*Geistesgeschichte*]. De fato, "o estilo é dado onde quer que a imaginação humana e a capacidade de expressão alcancem a criação". Bense tendia certamente a traçar paralelos na história da arte e nos estilos em matemática (em seu livro ele tratou, em especial, dos estilos barroco e romântico), mas, em oposição a Spengler, manteve as naturezas da arte e da matemática separadas. Com efeito, reconheceu que uma história estilística da matemática não poderia ser reduzida "a uma coincidência entre certas tendências matemáticas formais e os grandes estilos artísticos-espirituais e de visões de mundo de épocas particulares, tais como a Renascença, o Classicismo, o Barroco ou o Romantismo" (p. 132; veja Fleckenstein,1955; e Wisan,1981, para paralelos mais recentes entre o barroco nas artes e a matemática do século XVII). Ele mencionava o *"Elementarmathematik vom höheren Standpunkte aus"*, de Felix Klein, para assinalar que certas linhas de desenvolvimento caracterizadas por Klein poderiam ser vistas como apontando para estilos na história do desenvolvimento da matemática (veja Klein,1924:91).

Tentativas tais como as de Spengler e Bense certamente interessam para aqueles teóricos que gostariam de usar a categoria de estilo como um instrumento para descrever, e talvez explicar, padrões culturais. Entretanto, eles fornecem razões para ceticismo da parte do leitor que é versado em matemática e/ou história da arte devido aos paralelos usualmente extravagantes que pretendem fornecer evidências para a explicação. De fato, isso não é rejeitar, em última instância, a abordagem ou a utilidade da apropriação da categoria de estilo na matemática, mas gostaríamos que seu uso fosse mais diretamente relacionado a aspectos da prática matemática.

Em geral, podemos distinguir dois tipos de tematização que podem ser associados com tais tentativas. O primeiro é puramente descritivo, ou taxonômico, e se satisfaz em mostrar certos padrões comuns entre certa área de pensamento, como a matemática e outros produtos culturais de uma determinada sociedade. A segunda abordagem pressupõe a primeira, mas também pergunta pelas causas que explicam a presença de certo estilo de pensamento ou produção e, normalmente, tenta atribuí-las a fatores ou psicológicos ou sociológicos. Em Spengler e Bense, existem elementos de ambas, embora a ênfase seja mais nos paralelos do que nas causas subjacentes ou na explicação dos paralelos.

Tentativas de estender o uso do conceito de estilo na arte para outros domínios dos empreendimentos humanos abundam no início do século XX. Um caso bastante conhecido é a tentativa sociológica de Mannheim de caracterizar estilos de pensamento dentro de diferentes grupos sociológicos (Mannheim, 1928). Enquanto Mannheim não exclui o pensamento científico do âmbito da análise sociológica do conhecimento, ele não empreende ativamente tal análise. Em contraste, Ludwik Fleck praticou uma análise sociológica da ciência na qual "estilos de pensamento" desempenham um papel central. Fleck se concentrou, sobretudo, na medicina (Fleck, 1935).

É importante observar aqui que a noção de estilo de pensamento tem recebido, em grande medida, dois desenvolvimentos na pesquisa contemporânea, que também afetam a matemática. Primeiro, temos a noção encontrada em Fleck. Dependendo do quão generosos queremos ser ao traçar conexões, poderíamos ver essa abordagem aos estilos de pensamento relacionados à obra posterior de Kuhn, Foucault e Hacking (veja abaixo para uma discussão de Hacking). Existe, entretanto, um modo diferente de pensar sobre estilos de pensamento, que, usualmente, recebem o nome de estilos cognitivos. Esta é uma área de interesse para psicólogos cognitivos e educadores matemáticos (para uma visão geral da pesquisa psicológica nessa área, veja Riding, 2000, e Stenberg e Grigorenko, 2001). Aqui o foco é na constituição psicológica do indivíduo que mostra preferência por determinado estilo cognitivo, seja no aprendizado, no entendimento ou no pensamento sobre matemática (i.e., processando e organizando informações). A velha distinção entre matemática visual e analítica enfatizada por Poincaré (1905) ainda é parte do quadro, embora exista uma grande variedade de modelos e classificações. Para um panorama histórico e uma proposta teórica centrada na matemática, veja Borromeo Ferri (2005).

Na área da história e filosofia da matemática não há nenhum tratamento extensivo dos estilos matemáticos que explique a emergência de certo estilo com categorias psicológicas ou sociológicas. Isso contrasta com os livros em história das ciências naturais, tais como Harwood (1993), cujo objetivo é explicar a

emergência do estilo de pensamento da comunidade de geneticis-
tas alemães através de argumentos sociológicos. O mais próximo
que temos de tal explicação é a concepção de estilo em matemática
de Bieberbach, dependente de fatores psicológicos e raciais. Ele
será discutido na próxima seção sobre estilos nacionais.

5.3. Estilos Nacionais na Matemática

Algo menos ambicioso do que as tentativas anteriores de uma
história geral das produções culturais humanas, ou os extravagantes paralelos entre arte e matemática, consiste em um uso da
noção de estilo como uma categoria historiográfica na história
da matemática, sem referência particular à arte ou a outras atividades culturais humanas. Se retrocedermos ao início do século
XX, descobriremos que, frequentemente, eram feitas referências
aos "estilos nacionais" para categorizar certos traços característicos da produção matemática que pareciam cair diretamente dentro de linhas nacionais. Na história da ciência, tais casos de estilos
nacionais têm sido estudados com frequência. Podemos relembrar aqui o livro de J. Harwood, *Styles of Scientific Thought* (1993), e
as contribuições de Nye (1986) e Maienschein (1991). Um caso de
interesse para a matemática é a oposição entre os estilos alemão
e francês, estudada por Herbert Mehrtens.

Mehrtens (1990a, 1990b, 1996) descreve, em termos de estilos,
o conflito entre "formalistas" e "logicistas", por um lado, e "intu-
icionistas", por outro, como uma batalha entre duas concepções
de matemática. Hilbert e Poincaré são usados como paradigmas
para as fontes da oposição do que, posteriormente, resultou no
debate fundacional entre Hilbert e Brouwer nos anos de 1920
(sobre a história do debate Hilbert-Brouwer, veja Mancosu, 1998).
Mehrtens também assinala que esta oposição não segue necessariamente linhas nacionais na medida em que, por exemplo, Klein
poderia ser visto como estando próximo de Poincaré. Com efeito,
certo internacionalismo em matemática era dominante no fim do
século XIX e início do XX. Entretanto, a Primeira Guerra Mundial
alteraria a situação, dando surgimento a fortes conflitos nacional-
istas. Um personagem central em "nacionalizar" a oposição foi
Pierre Duhem, que opôs o *esprit de finesse* dos franceses ao *esprit*

de géométrie dos alemães:

> Partir de princípios claros (...) então progredir passo a passo, pacientemente, penosamente, em um andar que as regras da lógica dedutiva disciplinam com extrema severidade: é nisto que o gênio alemão se sobressai; o *esprit* alemão é essencialmente *esprit de géométrie* (...) Os alemães são geômetras, eles não são sutis [*fin*]; aos alemães lhe falta completamente o *esprit de finesse* (Duhem, 1915:31–32).

Duhem pretende que seu modelo se aplique às ciências naturais, mas também á matemática. Kleinert (1978) mostrou que o livro de Duhem era somente parte de uma reação dos cientistas franceses à declaração de 1914, *"Aufruf an die Kulturwelt"*, assinada por 93 proeminentes intelectuais alemães. Isto levou à assim chamada *"Krieg der Geister"*, na qual a polarização entre Alemanha e França chegou ao ponto não somente de criticar as formas específicas de fazer uso da ciência (digamos, praticando a ciência para fins militares), mas também levou à caracterização do conhecimento científico como essencialmente determinado por características nacionais. De fato, essa estratégia foi usada basicamente pelos franceses ao criticar *"La Science Allemande"*, mas, vinte anos mais tarde, seria usada pelos alemães, substituindo "nacional" por *"rassisch"*. O caso mais conhecido é aquele da *"Deutsche Physik"*, mas, aqui, o foco será na *"Deutsche Mathematik"* (veja também Segal, 2003; e Peckhaus, 2005).

A forma mais extrema deste confronto ideológico, que, ironicamente, reverteu o papel de alemães e franceses na comparação usada por Duhem, é encontrada nos escritos de Ludwig Bieberbach, o fundador da assim chamada *"Deutsche Mathematik"*. Partindo da demissão de Landau da Faculdade de Matemática de Göttingen, Bieberbach tentou racionalizar porque os estudantes haviam forçado sua demissão. Em um *Kurzreferat* para sua palestra, ele resume seus objetivos como se segue:

> Minhas considerações pretendem descrever a influência, para minha própria ciência—a matemática—do povo, do sangue e da raça, sobre o estilo da criação usando vários exemplos. Para um nacional-socialista, isso não requer prova. Isso é uma intuição de grande obviedade: pois todas as nossas ações e pensamentos estão enraizados no sangue e na raça e recebem deles sua especi-

ficidade. Que existam tais estilos também é algo familiar a todo matemático (Bieberbach, 1934a: 235).

Em seus dois artigos (1934b e 1934c), afirmou que a matemática praticada por Landau era estranha ao espírito alemão. Ele comparou Erhard Schmidt e Landau e disse que, no primeiro caso:

> O sistema é dirigido aos objetos, a construção é orgânica. Por contraste, o estilo de Landau é estranho à realidade, antagônico à vida, inorgânico. O estilo de Erhard Schmidt é concreto, intuitivo e, ao mesmo tempo, satisfaz todas as demandas lógicas (Bieberbach, 1934b:237).

Outras importantes oposições formuladas por Bieberbach como "evidências" para suas alegações foram Gauss vs. Cauchy-Gousart sobre números complexos, Poincaré vs. Maxwell na física matemática, Landau vs. Schmidt e Jacobi vs. Klein.

Apoiando-se na psicologia de tipos do notório psicólogo de Marburg, Jaensch, ele seguiu opondo os tipos psicológicos judeu/latino e alemão. A linha divisória, por assim dizer, era entre uma matemática guiada pela intuição, típica da matemática alemã, e o formalismo supostamente adotado pelos matemáticos judeus/latinos. Obviamente, Bieberbach foi forçado a realizar um bocado de manobras duvidosas para garantir que matemáticos alemães importantes não acabassem do lado errado da equação (veja o que ele diz acerca de Weierstrass, Euler e Hilbert). A base destas diferenças matemáticas era encontrada em características raciais:

> Em minhas considerações, tentei mostrar que existem questões de estilo na atividade matemática e que, portanto, o sangue e a raça são influentes no caminho da criação matemática (Bieberbach, 1934c:358–359).

A razão para discutir Bieberbach neste contexto é que seu caso exemplifica uma tentativa de enraizar a noção de estilo em algo mais fundamental, tais como características nacionais interpretadas em termos da psicologia e de traços raciais. Mais ainda, seu caso é também de interesse na medida em que sua abordagem ao estilo mostra como tal teorizar pode ser posto a serviço de um programa político doentio.

Afortunadamente, a fala de estilos nacionais em matemática não necessita levar a todas as implicações que são encontradas em Bieberbach. Com efeito, quando os historiadores, hoje, se referem a estilos nacionais, eles o fazem sem o nacionalismo que motivou as antigas contribuições. Antes, eles tratam de descrever como culturas "locais" desempenham um papel na constituição do conhecimento. Enquanto o acréscimo em mobilidade e a comunicação por e-mail fazem com que seja mais difícil os estilos nacionais prosperarem, condições políticas especiais poderiam também favorecer sua persistência. Este é o caso, por exemplo, do estilo russo em geometria algébrica e teoria da representação. Como Robert McPherson assinalou para o autor, esse caso de estilo nacional mereceria uma investigação mais extensiva e seria interessante estudar qual foi o impacto sobre este estilo da queda da União Soviética. Em contraste, um exemplo de estilo nacional que tem sido estudado extensivamente é aquele da geometria algébrica italiana. Este caso tem sido estudado cuidadosamente por um número de historiadores da matemática, em particular, por Aldo Brigaglia. Por exemplo, em um artigo recente, Brigaglia escreve:

> Além disto, a escola italiana não era uma 'escola' estritamente *nacional*, mas sim um estilo de trabalho e uma metodologia, baseada principalmente na Itália, mas com representantes em outros lugares do mundo (Brigaglia, 2001:189).

As aspas salientam o problema de tentar dominar a diferença entre 'escolas', 'estilos', 'metodologias' etc. (veja Rowe, 2003). Não houve nenhuma tentativa de discutir analiticamente a noção de 'estilo nacional' para a história da matemática— de qualquer modo, nada comparável ao que Harwood (1993) faz no primeiro capítulo de seu livro. A situação também se complica pelo fato de que diferentes autores usam diferentes terminologias para se referirem ao que, talvez, seja a mesma questão. Por exemplo, houve muita discussão recentemente das 'imagens da matemática' (Corry, 2004a e 2004b, Bottazzini e Dahan Dalmedico, 2001). Na última seção, voltaremos a refletir sobre esses diferentes usos do estilo na literatura historiográfica sobre a matemática e como eles são comparáveis com aqueles nas ciências naturais.

5.4. Os Matemáticos sobre o Estilo

Até o momento, a discussão focou sobre o estilo como um instrumento para filósofos da cultura e para historiadores da matemática. Contudo, os matemáticos reconhecem a existência de estilos em matemática? Novamente, não seria difícil fornecer citações isoladas onde matemáticos falariam sobre o estilo dos antigos ou o estilo abstrato algébrico ou o estilo categórico. Nas obras de lógica, encontramos ocorrências do conceito de estilo em denominações tais como 'matemática construtiva ao estilo de Bishop'. O que é difícil de encontrar são discussões sistemáticas da noção de estilo da parte de matemáticos. O caso de Bieberbach foi mencionado acima, mas não foi dada aqui nenhuma discussão detalhada dos exemplos apresentados por ele, parcialmente porque os exemplos são tão deturpados pelo desejo de fornecer suporte para seu ponto de vista ideológico que há razões para duvidar se ganharia muito em termos de uma análise de seus estudos de caso.

Uma contribuição interessante é um artigo de Claude Chevalley de 1935, intitulado *"Variations du style mathematique"*. Chevalley toma por garantida a existência do estilo. Ele começa do seguinte modo:

> O estilo matemático, bem como o estilo literário, está sujeito a importantes flutuações na passagem de um período histórico para o outro. Sem dúvida, todo autor possui um estilo individual; mas também se pode notar, em cada período histórico, uma tendência geral que é bem reconhecível. Este estilo, sob a influência de poderosas personalidades matemáticas, está sujeito, de quando em quando, a revoluções que alteram a escrita, e, assim, o pensamento, para os períodos seguintes (Chevalley, 1935:375).

Chevalley, porém, não tenta refletir sobre a noção de estilo envolvida aqui. Antes, ele estava concernido em mostrar, por meio de um importante exemplo, as características da transição entre dois estilos de fazer matemática que haviam caracterizado a passagem da matemática do século XIX para as abordagens do século XX. O primeiro estilo descrito por Chevalley é o estilo weierstrassiano, 'o estilo ϵ'. Encontra-se sua *'raison d'être'* na necessidade de tornar o cálculo rigoroso, afastando-o das ob-

scuridades relacionadas a noções tais como "quantidade infinitamente pequena" etc. O desenvolvimento da análise no século
XIX (funções analíticas, séries de Fourier, teoria das superfícies
de Gauss, equações lagrangianas em mecânica etc.) levou a uma
análise crítica

> do sistema de referência analitico-algébrico de fronte ao qual
> eles se encontraram; e é a partir deste exame crítico que um es-
> tilo matemático completamente novo viria a emergir (Chevalley,
> 1935:377).

Chevalley seguiu destacando a descoberta de uma função con-
tínua que não é diferenciável em nenhum ponto, devida a Weierstrass, como o elemento mais importante desta revolução. Como a
função de Weierstrass pode ser dada em termos de uma expansão
de Fourier com uma aparência bastante normal, tornou-se óbvio
que muitas demonstrações matemáticas assumiam uma condição
de clausura que precisava ser estabelecida rigorosamente. O conceito de limite, como definido por Weierstrass, era o poderoso
instrumento que permitia tais investigações. A reconstrução da
análise perseguida por Weierstrass e seus seguidores se mostrou
não apenas um sucesso do ponto de vista fundacional como também matematicamente frutífera. Aqui é quão perto que Chevalley
chega de caracterizar esse estilo:

> O uso, por parte dos matemáticos desta escola, da definição de
> limite de Weierstrass pode ser notada na aparência externa de seus
> escritos. Em primeiro lugar, no uso intensivo e, por vezes, sem
> moderação, do "ϵ" equipado com vários índices (esta é a razão
> pela qual falamos acima de um estilo dos "ϵ"s). Em segundo
> lugar, na substituição progressiva da igualdade pela desigual-
> dade nas demonstrações, bem como nos resultados (teoremas de
> aproximação; teoremas de limite superior; teoria do incremento
> etc.). Este último aspecto nos ocupará, pois nos fará compreen-
> der as razões que forçaram a superação do estilo de pensamento
> weiertrassiano. De fato, enquanto que a igualdade é uma relação
> significante para quaisquer entes matemáticos, a desigualdade so-
> mente pode ser aplicada a objetos equipados com uma relação de
> ordem, praticamente somente aos números reais. Deste modo,
> para abranger toda a análise, somos levados a reconstruí-la in-
> teiramente a partir dos números reais e de funções de números
> reais (Chevalley, 1935:378–379).

A partir desta abordagem, podemos também construir o sistema dos números complexos como pares de reais e os pontos do espaço em n dimensões como n-tuplas de reais. Isto forneceu a impressão de que a matemática poderia ser unificada por meio de definições construtivas partindo dos números reais. Entretanto, as coisas seguiram um rumo diferente e Chevalley busca explicar as razões que nos levaram a largar mão desta abordagem "construtiva" em favor de uma abordagem axiomática. Várias teorias algébricas, tais como teoria dos grupos, deram surgimento a relações que não poderiam ser construídas partindo dos números reais. Além disso, a definição construtiva dos números complexos era equivalente a fixar um sistema de referência arbitrário e, assim, dotar estes objetos com propriedades que ocultavam sua verdadeira natureza. Por outro lado, havia a familiaridade com a axiomatização hilbertiana da geometria que, ainda que rigorosa, não possuía o caráter de artificialidade das teorias construtivas. Neste caso, as entidades não eram construídas, mas sim definidas através de axiomas. Esta abordagem acabou influenciando a própria análise. Chevalley mencionou a teoria da integral de Lebesgue que foi obtida, primeiro, estipulando quais propriedades a integral devia satisfazer e, então, mostrando que existia um domínio de objetos satisfazendo aquelas propriedades. A mesma ideia fora usada por Fréchet, estabelecendo as propriedades que caracterizam a operação de limite, alcançando, com isso, uma teoria geral dos espaços topológicos. Outro exemplo mencionado por Chevalley é a axiomatização da teoria dos campos dada por Steinitz em 1910. Chevalley concluiu que

> A axiomatização das teorias modificou muito profundamente o estilo dos escritos matemáticos contemporâneos. Em primeiro lugar, para todo resultado obtido, sempre precisamos encontrar aquelas propriedades estritamente indispensáveis, necessárias para estabelecê-lo. Aborda-se seriamente o problema de fornecer uma mínima demonstração de cada resultado e, para aquele efeito, precisa-se delimitar exatamente em qual domínio da matemática estamos operando de tal modo a rejeitar os métodos que são estranhos a este domínio, uma vez que os últimos provavelmente introduzirão hipóteses inúteis (Chevalley, 1935:382).

Mais ainda, a constituição de domínios que são perfeitamente adequados para certas operações nos permite estabelecer teoremas gerais sobre os objetos sob consideração. Desta forma, podemos caracterizar operações de análise infinitesimal algebricamente, porém, sem as ingenuidades que caracterizavam as abordagens algébricas anteriores.

O artigo de Chevalley é uma fonte preciosa, de um matemático contemporâneo, sobre o tópico do estilo. Ele mostra, energicamente, a diferença entre a aritmetização da análise do final do século XIX e a abordagem algébrica-axiomática do início do século XX. Contudo, esta abordagem possui limitações. A noção de estilo não é abordada como tal e não é claro que as características aduzidas para explicar os eventos históricos particulares poderiam fornecer os instrumentos gerais para analisar outras transições no estilo matemático. Porém, talvez essa deveria ser, se há alguma, a tarefa de um filósofo da matemática.

5.5. O *Locus* do Estilo

Em um livro intitulado *Introducción al estilo matemático* (1971), o filósofo espanhol Javier de Lorenzo tentou escrever uma história da matemática (admitidamente parcial) em termos de estilo. Embora pelo ano de 1971 o trabalho de Granger, a ser discutido na seção 6, já tivesse aparecido, de Lorenzo não estava ciente dele, e a única fonte sobre estilo que ele utiliza é o artigo de Chevalley. Com efeito, este livro é meramente uma extensão do estudo de Chevalley, de modo a incluir muitos outros 'estilos' que apareceram na história da matemática. A lista de estilos matemáticos estudada por de Lorenzo é a seguinte:

- Estilo geométrico;

- Estilo poético;

- Estilo Cossico;

- Estilo cartesiano-algébrico;

- O estilo dos indivisíveis;

- Estilo operacional;

- Estilo épsilon;

- Estilos sintéticos vs. analíticos em geometria;

- Estilo axiomático;

- Estilo formal.

O arranjo geral nos lembra muito da abordagem de Chevalley e procuraríamos em vão no livro de de Lorenzo por uma explicação satisfatória do que é estilo. É verdade que existem algumas observações interessantes sobre o papel da linguagem em determinar um estilo, mas está faltando uma análise filosófica geral. Existe, entretanto, um ponto importante a ser enfatizado acerca do tratamento dado por Chevalley e de Lorenzo, que parece apontar para uma importante característica do uso de 'estilo' em matemática.

Em seu artigo "De la catégorie de style en histoire des sciences" (Gayon, 1996), e no texto posterior (Gayon, 1999), Jean Gayon apresenta diferentes usos de 'estilo' na historiografia da ciência como caindo entre dois campos (de certo modo, ele segue, aqui, Hacking, 1992). Primeiro, existe um uso de 'estilo científico' da parte daqueles que buscam uma 'história local da ciência'. Usualmente este tipo de análise foca sobre 'grupos locais ou escolas' ou sobre 'nações'. Por exemplo, este tipo de história retira ênfase sobre o componente universal do conhecimento e salienta as dificuldades envolvidas em traduzir experimentos de um cenário para o outro. Tais dificuldades são mostradas como dependentes das tradições 'locais', que incluem know-how técnico e teórico específicos, o que é "fundamental para planejar, realizar e analisar os resultados daqueles experimentos" (Corry, 2004b). Em segundo lugar, existe o uso de 'estilo científico' exemplificado em trabalhos tais como Crombie (1994)—'Styles of Scientific Thinking in the European Tradition'. Crombie enumera os seguintes estilos científicos:

a. postulação nas ciências matemáticas axiomáticas;

b. exploração experimental e medida de relações complexas detectáveis;

c. modelamento hipotético;

d. ordenamento de uma variedade por comparação e taxonomia;

e. análise estatística de populações; e

f. derivação histórica de desenvolvimento genético (citado de Hacking, 1996:65).

Gayon observa que esta última noção de estilo poderia ser substituída por 'método' e que 'os estilos discutidos aqui não tem nada a ver com estilos locais'. Também observa que, quando se tratam dos estilos locais, os grupos que agem como suporte sociológico para tais análises são ou 'grupos de pesquisa' ou 'nações'. Houve muita ênfase na história recente das ciências experimentais sobre fatores locais (veja, por exemplo, Gavroglu, 1990, para os 'estilos de raciocínio' de dois laboratórios de baixa temperatura, os de Dewar, em Londres, e de Kamerlingh Onnes, em Leiden).

Historiadores da matemática estão, agora, tentanto aplicar estas abordagens historiográficas também à matemática pura. Uma tentativa recente nesta direção é o trabalho de Epple em termos de 'configurações epistêmicas', tais como seu recente artigo sobre os primeiros trabalhos de Alexander e Reidemeister em teoria dos nós (Epple, 2004; mas veja também Rowe, 2003 e 2004). Os grupos de apoio para tais investigações não são referidos como 'escolas', mas como 'tradições matemáticas' ou 'culturas matemáticas'.

E sobre a noção 'metodológica' de estilo *à la* Crombie? Os historiadores da matemática tem feito muito uso dela? Aparte os numerosos tratamentos do primeiro estilo (método axiomático), não há muito nesta área além de uma interessante contribuição histórica feita por Goldstein sobre Frenicle de Bessy (2001). Ela argumenta que a matemática pura como praticada por Frenicle de Bessy possui muito em comum com o estilo baconiano de ciência experimental. Dever-se-ia mencionar aqui que a matemática experimental é, agora, um campo florescente que poderia logo encontrar seu historiador (veja Baker, 2008, para uma explicação filosófica da matemática experimental). Este tende a ser um tópico de grande interesse para filósofos, na medida em que colide com questões de método matemático. O problema pode ser posto simplesmente como se segue: além do que Crombie lista como estilo metodológico [axiomático], quais outros estilos são seguidos na prática matemática? Corfield (2003) toca neste problema na introdução de seu livro *Towards a philosophy of 'real' mathematics*, quando ele, se referindo à lista de Crombie, afirma:

> Hacking aplaude a inclusão de Crombie de (a) como 'devolvendo a matemática para as ciências' (Hacking, 1996) após a separação feita pelos positivistas lógicos, e estende o número de seus estilos para dois ao admitir o estilo algorítmico das matemáticas indiana e arábica. Fico feliz com esta linha de argumento, especialmente se ela impede que a matemática seja vista como uma atividade totalmente diferente de qualquer outra. Com efeito, os matemáticos também se engajam nos estilos (b) (veja o capítulo 3), (c) e (d) [7] e, nas linhas de (e), os matemáticos estão atualmente analisando as estatísticas dos zeros da função zeta de Riemann (Corfield, 2003:19).

Na nota 7, Corfield menciona o comentário de John Thompson para o efeito de que a classificação de grupos finitos simples é um exercício de taxonomia.

Não é o objetivo deste ensaio abordar diretamente o vasto conjunto de questões que emergem das citações anteriores. Contudo, deve ser assinalado que estas questões representam um novo e estimulante território para uma epistemologia descritiva da matemática e que parte do trabalho nesta direção já foi realizado (veja Etcheverría, 1996; van Bendegem, 1998; Baker, 2008).

Finalmente, como unir os estilos 'locais' e 'metodológicos' com o que encontramos em Chevalley e de Lorenzo? No caso da matemática, há boa evidência de que o *locus* mais natural para o 'estilo' cai, por assim dizer, entre estas duas categorias. Com efeito, em grande medida, estilos matemáticos vão além de qualquer comunidade local definida em termos sociológicos mais simples (nacionalidade, pertinência direta em uma escola etc.) e são tais que o grupo de apoio somente pode ser caracterizado pelo método específico da investigação almejada. Por outro lado, o método não é tão universal para ser identificável como um dos seis métodos descritos por Crombie ou na lista estendida dada por Hacking. Aqui há alguns exemplos possíveis, onde os nomes associados com cada posição não devem enganar o leitor, fazendo-o pensar que se está tratando meramente com estilos 'individuais'.

1. Técnicas diretas vs. indiretas em geometria (Cavalieri e Tor-

ricelli vs. Arquimedes);

2. Abordagens algébricas vs. geométricas em análise nos séculos XVII e XVIII (Euler vs. McLaurin);

3. Abordagens geométricas vs. analíticas em análise complexa no século XIX (Riemann vs. Weierstrass);

4. Abordagens conceituais vs. computacionais em teoria dos números algébricos (Dedekind vs. Kronecker);

5. Estilos estrutural vs. intuitivo em geometria algébrica (escola alemã vs. escola italiana).

É claro, poderia somente ser o caso de que também na história e filosofia da ciência existam níveis 'intermediários' de estilo, como aqueles que estão sendo descritos aqui (um exemplo que vem à mente é o 'estilo newtoniano' em física matemática), mas o fato de que Jean Gayon não os detectou como centrais parece apontar para o fato de que a situação em história e filosofia da matemática é um tanto diferente, dado que estes estilos 'intermediários' são aqueles que têm sido mais extensivamente discutidos e que correspondem aos estilos analisados por Chevalley e de Lorenzo. Além do mais, as discussões de culturas matemáticas locais tendem a ser realizadas sem o conceito de estilo.

5.6. Para uma Epistemologia do Estilo

O problema de uma epistemologia do estilo talvez possa ser posto grossamente como se segue. São os elementos estilísticos presentes no discurso matemático desprovidos de valor cognitivo, e, assim, são somente parte dos floreios [colouring] do discurso matemático, ou podem ser vistos como estando mais intimamente relacionados com seu conteúdo cognitivo? A noção de floreio, aqui, se origina em Frege, que distinguiu, em "O pensamento", entre as condições de verdade de um enunciado e aqueles aspectos do enunciado que poderiam fornecer informação sobre o estado de mente do falante ou do ouvinte, mas que não contribuem para suas condições de verdade. Na linguagem natural, elementos típicos dos floreios são expressões de pesar, tal como "infelizmente". "Infelizmente, está nevando" possui as mesmas condições de verdade de "está nevando" e "infelizmente", na primeira sentença, somente é parte dos floreios. Jacques e Monique Dubucs generalizaram esta distinção para provas em "La couleur dês preuves" (Dubucs e Dubucs, 1994), onde tratam do problema de uma 'retórica da matemática', um problema bastante próximo daquele de uma análise do estilo. Classificando a retórica tradicional como 'residualista', por levar em conta somente fenômenos de significância não cognitiva, tais como ornamentação etc. do texto matemático, mas deixando o objeto (tal como o conteúdo de uma demonstração) intocado, eles exploraram as opções para uma "retórica da matemática" mais ambiciosa.

Pode-se, deste modo, começar a articular a primeira posição que pode ser defendida com respeito à significância epistemológica do estilo. Ela é uma posição que nega ao estilo qualquer papel cognitivo e o reduz a um fenômeno de floreio subjetivo. De acordo com esta posição, variações estilísticas revelariam somente diferenças superficiais de expressão que deixa intocado o conteúdo do discurso.

Duas outras posições mais ambiciosas têm sido defendidas na literatura sobre o conteúdo cognitivo do estilo. A primeira parece ser compatível com uma forma de platonismo ou realismo em matemática, enquanto a segunda é definitivamente oposta a ela. Estamos aludindo às duas principais propostas à disposição na literatura, a saber, aquelas de Granger (1968) e Hacking (1992), que serão brevemente descritas agora.

O *Filosofia do Estilo* (*Essai d'une philosophie du style*, 1968), de Granger, é o esforço mais sistemático e melhor trabalhado de desenvolvimento de uma teoria do estilo para a matemática. O programa de Granger é tão ambicioso e rico que uma discussão detida da estrutura de seu livro e de suas análises detalhadas demandaria todo um artigo. Devido à limitação de espaço, nossa intenção aqui é a de fornecer somente uma ideia aproximada sobre em que consiste o projeto e mostrar que o papel epistemológico do estilo, defendido por Granger, é compatível com um realismo sobre entidades ou estruturas matemáticas.

A intenção de Granger é fornecer uma análise da 'prática cien-

tífica'. Ele define prática como "uma atividade considerada com
seu contexto complexo e, em particular, com as condições sociais
que lhe dão significação num mundo efetivamente vivido [*vecú*]"
(1968:6 [14])).[1] A ciência é definida como "construção de modelos abstratos, coerentes e eficazes, dos fenômenos" (1968:13 [22]).
Assim, uma prática científica possui tanto componentes 'universais' ou 'gerais' quanto componentes 'individuais'. A análise da
prática científica requer ao menos três tipos de investigações:

(1) Existem muitos modos de estruturar certo fenômeno através
    de modelos; e os mesmos modelos podem ser aplicados a
    diferentes fenômenos. Além disso, construções científicas,
    incluindo as matemáticas, revelam certa "unidade estrutu-
    ral". Ambos os aspectos serão o tema da análise estilística;

(2) A segunda investigação diz respeito à 'caracterologia cientí-
    fica', pretendendo estudar os componentes psicológicos que
    são relevantes na individuação da prática científica;

(3) A terceira investigação concerne ao estudo da 'contingência'
    da criação científica, sempre localizada no espaço e tempo.

Todos os três aspectos seriam necessários para uma análise
da 'prática científica', mas, em seu livro, Granger foca somente
sobre (1). Onde entram o estilo e a matemática? A matemática
entra como uma das áreas de investigação que podem ser sujeitas
à análise estilística da ciência. (O livro de Granger fornece aplicações não somente à matemática como também à linguística e às
ciências sociais.) E sobre o estilo? Toda prática social, de acordo
com Granger, pode ser estudada do ponto de vista do estilo.
Isto inclui a ação política, a criação artística e a atividade científica. Existe, assim, uma estilística geral que buscará capturar
os traços estilísticos mais gerais de tais atividades, e, também,
temos análises estilísticas 'locais' tais como aquela fornecida por
Granger para a atividade científica. Obviamente, o conceito de
estilo invocado aqui deve ser um que é muito mais abrangente do

---

[1]Nota do tradutor: para as citações da *Filosofia do Estilo*, reproduzimos as passagens
como constam na tradução brasileira; com o número da página do original francês
seguido pela paginação da tradução brasileira entre colchetes.

que aquele usualmente associado com o termo e, com efeito, um que tornaria sua aplicação a áreas como a atividade política e a atividade científica não apenas metafórica, mas sim 'congênita' a tais atividades.

A análise de Granger do estilo matemático ocupa os capítulos 2, 3 e 4 de seu livro. O capítulo 2 trata do estilo euclidiano e a noção de magnitude. O capítulo 3 da oposição entre 'estilo cartesiano e estilo desargueano'. Finalmente, o capítulo 4 diz respeito ao 'nascimento do estilo vetorial'. Todas essas análises se centram no conceito de "magnitude geométrica".

Temos uma boa ideia do que Granger procura simplesmente olhando um exemplo que ele descreve no prefácio. Esse exemplo é sobre números complexos.

Estilo, de acordo com Granger, é um modo de impor estrutura a uma experiência. A experiência deve ser considerada aqui como indo além da experiência empírica. Em geral, o tipo de experiência à qual o matemático apela não é empírica. Desta experiência provêm os componentes "intuitivos" que são estruturados na atividade matemática. Contudo, não devemos pensar que existe uma "intuição" à qual, como que externamente, aplicamos uma forma. A atividade matemática dá surgimento, ao mesmo tempo, à forma e ao conteúdo dentro do pano de fundo de certa experiência.

> O estilo aparece-nos aqui, de um lado, como uma certa maneira de introduzir os conceitos de uma teoria, de encadeá-los, de unificá-los; de outro lado, como uma certa maneira de delimitar a carga intuitiva na determinação destes conceitos (Granger, 1968:20 [30]).

Como um exemplo, Granger nos dá três modos de introduzir números complexos; todos os três modos explicam as propriedades estruturais que caracterizam a estrutura algébrica em questão. O primeiro modo introduz números complexos por representação trigonométrica usando ângulos e direções. O segundo os introduz como operadores aplicados a vetores. No primeiro caso, definimos um número complexo como um par de números reais e as propriedades aditivas são, então, imediatas. Em contraste, no segundo caso, as propriedades multiplicativas é que são imediatamente apreendidas. Porém, e este é o terceiro modo, podemos também introduzir números complexos por matrizes quadradas regulares. Isto nos leva a ver números complexos como um sistema de polinomiais em x módulo $x^2 + 1$.

> Estas diferentes maneiras de se aprender um conceito, de integrá-lo num sistema operatório e de associar-lhe implicações intuitivas—cujo alcance é necessário então limitar exatamente—constituem o que denominamos de fatos de estilo. É evidente que o conteúdo estrutural da noção não é afetado aqui, que o conceito enquanto objeto matemático subsiste identicamente através desses efeitos de estilo. No entanto, nem sempre é assim e encontraremos posições estilísticas que ordenam verdadeiras variações conceituais. Em todo caso, o que sempre se modifica é a orientação do conceito para tal ou tal uso, tal ou tal extensão. O estilo desempenha, pois, um papel talvez essencial, ao mesmo tempo, numa dialética do desenvolvimento interno da matemática e na de suas relações com mundos de objetos mais concretos (Granger, 1968:21 [31–32]).

Assim, na teoria de Granger os estilos matemáticos são modos de apresentação, ou modos de apreender estruturas matemáticas. Ao menos em alguns casos esses efeitos de estilo mantêm inafetados os objetos ou estruturas matemáticas, embora afetem o modo cognitivo no qual eles são apreendidos, afetando, portanto, como poderiam ser sujeitos à extensão, como poderiam ser aplicados a várias áreas etc. Embora Granger pudesse ter simpatizado com um kantismo sem um sujeito transcendental, e desse modo pensar o estilo como constitutivo, parece que sua posição é ao menos compatível com uma forma de realismo sobre entidades matemáticas. Este não parece ser o caso para a terceira e última posição epistemológica a ser discutida, que é a posição de Ian Hacking.

Como observado anteriormente, Hacking, seguindo Crombie, propôs investigar a noção de estilo como um "novo instrumento analítico" para a história e filosofia da ciência. Sua preferência é por falar de estilos de raciocínio (veja também Mancosu, 2005), como oposto aos estilos de pensamento de Fleck ou os estilos de pensar de Crombie. A razão para isso é que Hacking quer se afastar do nível psicológico de raciocínio e trabalhar com o nível mais 'objetivo' dos argumentos. Explicitamente define seu projeto como uma continuação do projeto de Kant de explicar como a objetividade é possível. De fato, a posição de Hacking rejeita o realismo e adota um papel fortemente constitutivo para o estilo. De acordo com Hacking, estilos são definidos por um conjunto de condições necessárias (ele, sabiamente, não tenta fornecer condições suficientes):

> Previamente ao desenvolvimento de um estilo de raciocínio, não existem nem sentenças que são candidatas a verdade, nem objetos independentemente identificados sobre os quais estar correto. Todo estilo de raciocínio introduz várias novidades, incluindo novos tipos de: objetos; evidência; sentenças, novos modos de ser um candidato para verdade ou falsidade; leis, ou, pelo menos modalidades; possibilidades. Dever-se-ia notar também, ocasionalmente, novos tipos de classificação e novos tipos de explicação (Hacking, 1992:11).

Deveria ficar claro que esta noção de estilo, como a de Granger, atribui um papel muito importante ao estilo como fundando a objetividade de toda uma área de atividade científica, mas que, diferentemente de Granger, se compromete ontologicamente com uma rejeição do realismo. Estilos são essenciais na constituição dos objetos matemáticos e estes últimos não possuem uma forma de existência independentemente deles. Hacking não discutiu extensivamente estudos de caso da história da matemática, embora um de seus artigos (Hacking, 1995) trate com quatro imagens constructionalistas da matemática (a palavra constructionalismo [constructionalism] é retirada de Nelson Goodman) e mostre como eles se encaixam adequadamente com seu quadro de 'estilos de pensamento'. Por consequência, também é claro que posições mais robustamente comprometidas com o realismo não se adéquam bem com a concepção de Hacking de estilos de raciocínio.

Desta forma, três modelos possíveis para explicar o papel epistemológico dos 'estilos' na matemática foram considerados. Existem certamente mais posições possíveis aguardando para serem articuladas, mas, até aqui, isso é tudo que pode ser encontrado na literatura.

5.7. Conclusão

Como observado no início, o tópico do estilo matemático não é uma das áreas canônicas de investigação em filosofia da matemática. Com efeito, este verbete é a primeira tentativa de abranger, em um único artigo, as multifacetadas contribuições para este tópico. Todavia, deveria ficar claro agora que a reflexão sobre estilo matemático está presente na atividade filosófica contemporânea e merece ser tomada seriamente. Contudo, o trabalho está apenas começando. Precisamos de muitos outros casos de estudo de estilo matemático e de uma articulação mais clara das consequências epistemológicas e ontológicas produzidas pelas diferentes conceitualizações do estilo. Também gostaríamos de ver uma melhor integração de todo este trabalho com o trabalho sobre estilos cognitivos que se encontra na psicologia cognitiva e na educação matemática. Finalmente, as pedras de toque filosóficas padrão, tais como a relação de forma e conteúdo com o estilo e a relação do estilo com normatividade e intencionalidade teriam que ser abordadas (para uma muito boa discussão de tais tópicos em estética, veja Meskin, 2005).

5.8. Agradecimentos

Gostaria de agradecer a Karine Chemla por ter me encorajado a pensar sobre este tópico e a Andrea Albrecht, Enrico Bombieri, Leo Corry, Jacques Dubucs, Jean Gayon, James Hamilton, Robert MacPherson, Marco Panza, Chris Pincock, Martin Powell, Erich Reck e Jamie Tappenden por úteis comentários sobre versões prévias e por sua ajuda em detectar literatura relevante sobre o tema. Este ensaio é dedicado a Alessandra Schiaffonati, em memória de seu estilo inimitável.

5.9. Referências Bibliográficas

Baker, A. 2008. "Experimental mathematics." *Erkenntnis* 68:331–344.

Bense, M. 1946. *Konturen einer Geistesgeschichte der Mathematik.*

Die Mathematik und die Wissenschaften. Hamburg: Claassen & Goverts. Agora em Max Bense, *Ausgewählte Schriften*, Band 2, Philosophie der Mathematik, Naturwissenschaft und Technik, Stuttgart: Verlag J. B. Metzler, 1998 (veja cap. 2 "Stilgeschichte in der Mathematik").

—. 1949. *Konturen einer Geistesgeschichte der Mathematik. II. Die Mathematik in der Kunst*. Hamburg: Claassen & Goverts. Agora em Max Bense, *Ausgewählte Schriften*, Band 2, Philosophie der Mathematik, Naturwissenschaft und Technik, Stuttgart: Verlag J. B. Metzler, 1998 (veja cap. 1 "Zum Begriff des Stils").

Bieberbach, L. 1934a. "Kurzreferat." *Forschungen und Fortschritte* 10:235–237.

—. 1934b. "Persönlichkeitsstruktur und mathematisches Schaffen." *Unterrichtblätter für Mathematik und Naturwissenschaften* 40:236–243.

—. 1934c. "Stilarten mathematischen Schaffens." *Sitzungsbericht der preußischen Akademie der Wissenschaften* 40:351–360.

Borromeo Ferri, R. 2005. *Mathematische Denkstile. Ergebnisse einer empirische Studie*. Hildesheim: Verlag Franzbecker.

Bottazzini, U. 2001. "From Paris to Berlin: Contrasted Images of nineteenth-century mathematics." In Bottazzini e Dahan Dalmedico (2001), 31–47.

Bottazzini, U. e Dahan Dalmedico, A. (eds.). 2001. *Changing Images of Mathematics*. London: Routledge.

Brigaglia, A. 2001. "The creation and persistence of national schools: the case of Italian algebraic geometry." In Bottazzini e Dahan Dalmedico (2001), 187–206.

Cavalieri, B. 1635. *Geometria Indivisibilibus Continuorum Nova Quadam Ratione Promota*. Bologna: Clemente Ferroni.

Chasles, M. 1837. *Aperçu Historique sur l'Origine et le Développement des Méthodes en Géométrie*. Bruxelles: M. Hayez.

Chevalley, C. 1935. "Variations du style mathématique." *Revue de Metaphysique et de Morale* 3:375–384.

Cohen, I.B. 1992. "The Principia, universal gravitation and the 'Newtonian style,' in relation to the Newtonian revolution in science." In Z. Bechler (ed.), *Contemporary Newtonian Research*, 21–108. Dordrecht: Reidel.

Corfield, D. 2003. *Towards a Philosophy of 'Real' Mathematics*. Cambridge: Cambridge University Press.

Corry, L. 2004a. *Modern Algebra and the Rise of Mathematical Structure*. Basel: Birkhäuser, 2nd edition.

—. 2004b. "Introduction." *Science in Context* 17:1–22.

Crombie, A. 1994. *Styles of Scientific Thinking in the European Tradition*. London: Duckworth.

de Gandt, F. 1986. "Le style mathématique des "Principia" de Newton." *Revue d'Histoire des Sciences* 39(3):195–222.

de Lorenzo, J. 1971. *Introducción al estilo matematico*. Madrid: Editorial Tecnos.

Dhombres, J. 1993. *La figure dans le discours géométrique: les façonnages d'un style*. Nantes: Université de Nantes.

Dubucs, J. e Dubucs, M. 1994. "La couleur des preuves." In V. de Coorebyter (ed.), *Structures rhétorique en science*, 231–249. Paris: PUF.

Duhem, P. 1915. *La Science Allemande*. Paris: Hermann. English translation: *German Science*, Chicago: Carus Publishing, 2000.

Edwards, H.M. 1987. "Dedekind's invention of ideals." In E. Phillips (ed.), *Studies in the History of Mathematics*, 8–20. Washington: The Mathematical Association of America.

Epple, M. 1997. "Styles of argumentation in the late 19th century geometry and the structure of mathematical modernity." In M. Otte e M. Panza (eds.), *Analysis and Synthesis in Mathematics*, 177–198. Dordrecht: Kluwer.

—. 2004. "Knot Invariants in Vienna and Princeton during the 1920s: Epistemic configurations of mathematical research." *Science in Context* 17:131–164.

Etcheverría, J. 1996. "Empirical methods in mathematics. A case study: Goldbach's conjecture." In G. Munévar (ed.), *Spanish Studies in the Philosophy of Science*, 19–55. Dordrecht: Kluwer.

Fleck, L. 1935. *Entstehung und Entwicklung einer wissenschaftlichen Tatsache. Einführung in die Lehre vom Denkstil und Denkkollektiv.* Basel: Schwabe. English translation: *Genesis and Development of a Scientific Fact* (Translated into English by Frederick Bradley), Chicago: University of Chicago Press, 1979.

Fleckenstein, J.O. 1955. "Stilprobleme des Barock bei der Entdeckung der Infinitesimalrechnung." *Studium Generale* 8:159–166.

Freudenthal, H. 1975. *Mathematics as an Educational Task.* Dordrecht: Reidel.

Gavroglu, K. 1990. "Differences in Style as a Way of Probing the Context of Discovery." *Philosophia* 45:53–75.

Gayon, J. 1996. "De la catégorie de style en histoire des sciences." *Alliage* 26:13–25.

—. 1998. "De l'usage de la notion de style en histoire des sciences." In J. Gayon et al. (ed.), *La Rhétorique: Enjeux de ses Résurgences*, 162–181. Bruxelles: OUSIA.

Goldstein, C. 2001. "L'expérience des nombres de Bernard Frenicle de Bessy." *Revue de Synthèse* 122:425–454.

Granger, G. G. 1968. *Essai d'une philosophie du style.* Paris: Armand Colin, reimpresso com correções por Paris: Odile Jacob. Trad. brasileira: *Filosofia do Estilo*, tradução de Scarlett Marton. São Paulo, Perspectiva, Ed. da Universidade de São Paulo, 1974.

—. 2003. "Le style mathématique de l'Académie platonicienne." In G. G. Granger, *Philosophie, Langage, Science*, 267–294. Les Ulis: EDP Science.

Hacking, I. 1992. "'Style' for historians and philosophers." *Studies in History and Philosophy of Science* 23:1–20.

—. 1995. "Immagini radicalmente costruzionaliste del progresso matematico." In A. Pagnini (ed.), *Realismo/Antirealismo*, 59–92. Firenze: La Nuova Italia.

—. 1996. "The disunities of science." In P. Galison e D. Stump (eds.), *The Disunity of Science: Boundaries, Context and Power*, 37–74. Stanford: Stanford University Press.

—. 2002. *Historical Ontology*. Cambridge, MA: Harvard University Press.

Harwood, J. 1993. *Styles of Scientific Thought—The German Genetics Community, 1900–1933*. Chicago: The University of Chicago Press.

Høyrup, J. 2005. *"Tertium non datur:* on reasoning styles in early mathematics." In P. Mancosu (ed.), *Visualization, Explanation and Reasoning Styles in Mathematics*, 91–121. Dordrecht: Springer.

Katz, S. 2004. "Berlin roots—Zionist incarnation: the ethos of pure mathematics and the beginning of the Einstein Institute of mathematics at the Hebrew University of Jerusalem." *Science in Context* 17:199–234.

Klein, F. 1924. *Elementarmathematik vom höheren Standpunkte aus. Erster Band. Arithmetik, Algebra, Analysis*. Berlin: Julius Springer, 3rd edition.

Kleinert, A. 1978. "Von der Science Allemande zur Deutschen Physik." *Forschungen zur westeuropäischer Geschichte* 6:509–525.

Laugwitz, D. 1993. *Zur Genese des Denkens in mathematischen Begriffen: Bernhard Riemanns neuer Stil in der Analysis*. Darmstadt, Wissenschaftliche Buchgesellschaft.

Leibniz, G.W. 1701. "Mémoire de Mr. Leibniz touchant son sentiment sur le calcul différentiel." *Journal de Trévoux* 270–272. Reprinted in G. W. Leibniz, *Mathematische Schriften* (Edited by C.I. Gerhardt), Hildesheim: Georg Olms, 1962, vol. IV, pp. 95–96.

Maienschein, J. 1991. "Epistemic Styles in German and American Embryology." *Science in Context* 4:407–427.

Mancosu, P. (ed.). 1998. *From Brouwer to Hilbert*. New York and Oxford: Oxford University Press.

—. 2005. *Visualization, Explanation and Reasoning Styles in Mathematics*. Dordrecht: Springer.

Mannheim, K. 1929. *Ideologie und Utopie*. Bonn: F. Cohen. English translation: *Ideology and utopia: an introduction to the sociology of knowledge*, New York: Harcourt, Brace, and World, 1968.

Mehrtens, H. 1987. "Ludwig Bieberbach and 'Deutsche Mathematik'." In E. R. Philipps (ed.), *Studies in the History of Mathematics*, 195–241. Washington: The Mathematical Association of America.

—. 1990a. "Der französische Stil und der deutsche Stil. Nationalismus, Nationalsozialismus und Mathematik, 1900–1940." In Y. Cohen e K. Manfrass (eds.), *Frankreich und Deutschland: Forschung, Technologie und industrielle Entwicklung im 19. und 20. Jahrhundert*. München: C.H. Beck.

—. 1990b. *Moderne, Sprache, Mathematik*. Frankfurt: Suhrkamp.

—. 1996. "Modernism vs counter-modernism, nationalism vs internationalism: style and politics in mathematics, 1900–1950." In C. Goldstein et al. (ed.), *L'Europe Mathématique. Histoires, Mythes, Identités*, 519–530. Paris: Éditions de la Maison de Sciences de l'Homme.

Meskin, A. 2005. "Style." In B. Gout e D. M. Lopes (eds.), *The Routledge Companion to Aesthetics*, 489–500. London: Routledge, 2nd edition.

Novy, L. 1981. "Notes concerning the style of Bolzano's mathematical thinking." *Acta Historiae Rerum Naturalium nec non Technicarum* 16:9–28.

Nye, M. J. 1993. "National Styles? French and English Chemistry in the Nineteenth and Early Twentieth Centuries." *Osiris* 8:30–49.

Panofsky, E. 1924. *Idea*. Berlin: Erwin Panofsky und Bruno Hessling Verlag. English translation: *Idea*, New York: Harper and Row, 1968.

Peckhaus, V. 2007. "Stilarten mathematischen Schaffens." In K. Robering (ed.), *"Stil" in den Wissenschaften*, 39–49. Münster: Nodus-Verlag.

Poincaré, J. H. 1905. *La Valeur de la Science*. Paris: Flammarion. English translation: *The Value of Science*, New York: Dover Publications, 1958.

Reck, E. 2009. "Dedekind, Structural Reasoning, and Mathematical Understanding." In B. van Kerkhove (ed.), *New Perspectives on Mathematical Practices*, 150–173. Singapore: WSPC Press.

Riding, R. 2000. "Cognitive Style: a Review." In R. J. Riding e S. G. Rayner (eds.), *International Perspectives on Individual Differences, vol. 1, Cognitive Styles*, 315–344. Stamford (CT): Ablex.

Rowe, D. 2003. "Mathematical schools, communities, and networks." In Mary Jo Nye (ed.), *Cambridge History of Science, vol. 5, Modern Physical and Mathematical Sciences*, 113–132. Cambridge: Cambridge University Press.

—. 2004. "Making Mathematics in an Oral Culture: Göttingen in the Era of Klein and Hilbert." *Science in Context* 17:85–129.

Sauerländer, W. 1983. "From Stilus to Style: Reflections on the Fate of a Notion." *Art History* 6(3):253–270.

Segal, S. 2003. *Mathematicians under the Nazis*. Princeton: Princeton University Press.

Spengler, O. 1918 (1921). *Der Untergang des Abenlandes*. Vienna: Verlag Braumüller. English translation: *Decline of the West: Form and Actuality*, 2 vols., London: Allen and Unwin.

Sternberg, R.J. e Grigorenko, E.L. 2001. "A capsule history of theory and research on styles." 1–22.

Sternberg, R.J. e Zhang, L.F. (eds.). 2001. *Perspectives on Thinking, learning, and cognitive styles*. Mahwah, NJ: Lawrence Erlbaum.

Tappenden, J. 2005. "Proof style and understanding in mathematics I: Visualization, unification and axiom choice." In Mancosu (2005), 147–214.

van Bendegem, J.P. 1998. "What, if anything, is an experiment in mathematics?" In D. Anapolitanos et al. (ed.), *Philosophy and the Many Faces of Science*, 172–182. Lanham: Rowman and Littlefeld.

Weiss, E.A. 1939. "Über den mathematischen Stil von Poncelet." *Deutsche Mathematik* 4:126–127.

Wessely, A. 1991. "Transposing 'style' from the history of art to the history of science." *Science in Context* 4:265–278.

Wisan, W. 1981. "Galileo and the emergence of a new scientific style." In J. Hintikka, D. Gruender, e E. Agazzi (eds.), *Theory Change, Ancient Axiomatics and Galileo's Methodology, vol. 1*, 311–339. Dordrecht: Reidel.

O Visível e o Invisível: Reflexões sobre a Representação Matemática

> Mais je vous avertis qu'outre ce Monde naturel qui tombe sous la connoissance des sens, il y a un autre invisible, & que c'est dans celuy-là que vous pouvez atteindre à la plus haute science... Sçachez que c'est dans ce Monde invisible & d'une étenduë infinie, qu'on peut découvrir les raisons et les principes des choses, les veritez les plus caches, les convenances, les justesses, les proportions, les vraix originaux, & les parfaites idées de tout ce qu'on cherche. Carta de Cavaliere de Méré a Blaise Pascal[1]

> [T]here is in space a certain individual Something, circular in shape, which though it lies in a plane not only at infinite distance but also in that unseen, inward region of space of which our universe is but the rind, is yet in intimate relation with everything we see, and cuts at two points even the smallest circle that can be drawn around any point... This Something is a short cut to the solution of innumerable practical problems. C. S. Peirce, "Obituary of Arthur Cayley" (1895)[2]

6.1. Introdução

O visível é aquilo que pode ser visto, enquanto que o invisível é aquilo que não pode ser visto. Todavia, o verbo "ver" é polissêmico e isto se manifesta ao exibir ao menos três diferentes acepções em relação às quais podemos falar de visibilidade e invisibilidade:

---

[1]Publicado no volume *Lettres de Monsieur Le Chevalier de Méré, Suite de la partie 1*, 1682, D. Thierry et C. Barbin, Paris, 124–126.

[2]Citado em T. Crilly, *Arthur Cayley*, Johns Hopkins University Press, 2006, p. 236.

(1) Pode-se ver com o pensamento ("vejo bem aquilo que entendi");

(2) Pode-se ver com o olho da mente ("visualização");

(3) Pode-se ver com o sentido da vista.

Pode-se aplicar à matemática cada uma dessas acepções de "ver", mas a problemática que me interessa desenvolver aqui concerne às acepções 2) e 3). Na minha acepção do termo, "visualização" inclui seja processos de representação mental—o ver com o olho da mente—seja processos de representação com suporte físico—diagramas, imagens na tela de um computador etc. (veja-se Mancosu 2005).

O trabalho se divide em duas partes. Na primeira parte, discuto o problema das relações entre diagramas e entidades matemáticas. Na segunda parte a oposição visível/invisível é abordada do ponto de vista metodológico através da análise do uso de elementos ideais em geometria projetiva e na análise infinitesimal.

6.2. A Representação Diagramática

6.2.1. Platão e Berkeley

Acerca da questão da invisibilidade perceptiva ou, ao menos, da invisibilidade das entidades matemáticas, há posições filosóficas diferentes. Menciono aqui somente duas delas, que estão, por assim dizer, em extremos opostos. Todavia, apresso-me a acrescentar que há posições que negam a existência de objetos matemáticos, e que nesse caso a questão da sua visibilidade ou invisibilidade não se aplica.

A primeira posição que me interessa mencionar é o platonismo.[3] Na *República* (510d) Platão discute como os estudantes

---

[3]A discussão parte de Platão e, ainda que o platonismo contemporâneo não seja aquele de Platão, minhas reflexões se aplicam a ambas as versões. A discussão contemporânea, naturalmente, não se limita à invisibilidade dos objetos abstratos, e trata esta última como uma de suas muitas características, que derivam da caracterização dos objetos abstratos como não tendo uma posição espaço-temporal e como causalmente inertes.

da geometria e da aritmética usam as figuras visíveis como imagens das entidades matemáticas, que, acrescenta, "não se podem ver senão pelo pensamento." Nesse ponto da discussão, Platão está apresentando quatro níveis epistemológicos: compreensão, razão, opinião e imaginação. A distinção importante é aquela entre compreensão e razão, que podem acessar a realidade inteligível, e opinião e imaginação que são ligadas à realidade visível. À distinção entre as quatro faculdades epistêmicas corresponde uma distinção análoga, em nível ontológico, entre os objetos e suas imagens. No nível mais baixo, correspondente à esfera do visível, temos os objetos ordinários da percepção, que constituem o objeto da opinião, e suas imagens (sombras, reflexos etc.) que constituem o objeto da imaginação. No nível da realidade inteligível temos os entes matemáticos, que são os objetos do raciocínio, e as formas, que correspondem à compreensão. O interessante nessa descrição platônica da prática matemática é que, segundo Platão, os matemáticos usam "como imagens aquilo que primeiro eram os modelos." O que Platão aqui está dizendo é que o matemático trabalha com objetos ordinários perceptíveis, como os diagramas, que, no entanto, trata como imagens de outros:

> Então, sabes também que eles utilizam figuras visíveis e raciocinam sobre elas pensando não nessas mesmas figuras, mas nos originais que elas reproduzem. Os seus raciocínios baseiam-se no quadrado em si mesmo e na diagonal em si mesma, e não naquela diagonal que traçam; o mesmo vale para todas as outras figuras. Todas essas figuras que modelam ou desenham, que produzem sombras e seus reflexos nas águas, eles as utilizam como tantas outras imagens, para tentar ver esses objetos em si mesmos, que, de outro modo, só podem ser percebidos pelo pensamento. (Platão, 1997, p. 223, *República*, 510d–e)[4]

Essa belíssima passagem de Platão permite entrar no núcleo da problemática. Pondo as coisas nesses termos, todos os objetos da matemática são perceptualmente invisíveis. Ainda que Platão acrescente que os objetos matemáticos podem ser vistos por meio do pensamento, é claro que o uso de 'ver' é aqui metafórico (veja-se a acepção 1 dada na Introdução) e não perceptivo. Não há

[4]Na Carta VII Platão diz: Terceiro é o que é desenhado e apagado, o que é torneado e o que se perde. Mas o círculo em si, o mesmo em relação a tudo isso, em nada é afetado, porque é diferente deles" (Platão, 2008.)

perda de significado se substituímos 'ver com o pensamento' por 'apreender' ou por 'entender'. (Todavia, essa metáfora visual pervade o discurso filosófico; pense-se na intuição de essência— *Wesensanschauung*—husserliana). Em todo caso, o que me interessa no momento é a oposição visível/invisível em conexão com a percepção.

Somos assim levados a uma das questões mais debatidas da filosofia da matemática. Porém, antes de abordar algumas destas temáticas, eu gostaria de mencionar uma posição que está no extremo oposto da posição platônica a respeito da visibilidade. Trata-se da posição do bispo Berkeley, que nega que os objetos sobre os quais versa a matemática sejam invisíveis.[5] Berkeley reagia contra uma concepção que sustentava que as idéias abstratas fossem o objeto da matemática. Por exemplo, segundo Locke, a geometria versaria propriamente sobre as idéias abstratas de círculo, triângulo etc. Berkeley sustentava, tomando a Locke como adversário direto, que tais idéias abstratas postuladas por Locke eram objetos impossíveis, e se propunha a apresentar uma filosofia da geometria que não recorresse a tais entidades. A posição de Berkeley consistia em manter que uma idéia (concreta) pode fazer as vezes de muitas outras idéias, quando é considerada um representante para todas as idéias de seu tipo:

> [U]ma idéia considerada em si é particular, mas ao representar ou significar todas as outras idéias particulares do mesmo tipo torna-se geral (*Princípios*, Introduction, §12).

E mais adiante:

> Assim, quando demonstro qualquer proposição acerca de triângulos, deve-se supor que tenho em vista a ideia universal de um triângulo, e que esta não deve ser entendida como se eu pudesse formar uma idéia de um triângulo que não é nem eqüilátero, nem escaleno, nem isósceles, mas somente que o triângulo particular que considero , seja deste, seja daquele tipo, pouco importa; significa e representa igualmente todos os triângulos retilíneos, quaisquer que sejam e, nesse sentido, ele é universal. (*Princípios*, Introduction, §15)

Para Berkeley, o objeto da geometria é a extensão percebida. A generalidade se obtem explicando como objetos da percepção,

---

[5]Sobre a filosofia da matemática de Berkeley, veja-se Jesseph 1993.

como os diagramas, podem funcionar como signos de outros objetos percebidos. Esses são problemas de representação de grande
importância, mas me interessa enfatizar que, para Berkeley, os
objetos da geometria são *visibilia*.
Já nos *Comentários* lemos:

> A extensão sem profundidade, isto é, o comprimento invisível, in-
> tangível, não é concebível. É um erro ao qual somos levados pela
> doutrina da abstração. (*Comentários*, 365a) De nenhuma maneira
> podemos ter uma idéia de comprimento sem largura ou visibili-
> dade como tampouco de uma figura geral. (*Comentários*, 483)

Nos *Princípios*, Berkeley identifica o objeto da geometria com
a "extensão perceptível" (com efeito, não existe para ele uma extensão que não seja perceptível) e propunha, além disso, que essa
extensão perceptível devia ser constituída por *minima visibilia*.
Temos assim uma concepção da geometria segundo a qual toda
entidade é ou atualmente percebida ou potencialmente perceptível.

> Sentido, mais do que a razão e a demonstração, deveriam ser
> empregado a respeito das linhas e as figuras, já que estas são coisas
> sensíveis, pois relativamente àquelas que você chama insensíveis
> nós provamos que são um absurdo, nada. (*Comentários*, 466)

A oposição a Platão não poderia ser mais clara. No universo de Platão todas as entidades matemáticas são invisíveis,
e os geômetras usam diagramas visíveis de maneira instrumental
para ter acesso à realidade inteligível dos objetos matemáticos.
No universo de Berkeley, tudo sobre o que versa a matemática é
visível, conquanto os problemas relativos à representação não de-
sapareçam, uma vez que agora se deve explicar como uma linha
particular pode fazer as vezes de um segmento qualquer.

Citei Platão e Berkeley para mostrar como a temática do invisível em matemática conduz imediatamente a questões profundas de ontologia e epistemologia da matemática.[6] Naturalmente, entre a posição de Platão e a de Berkeley, há amplo espaço

---

[6]Não é necessário ser platônico para sustentar que a geometria versa sobre objetos
invisíveis. Um exemplo muito interessante a esse respeito é aquele de Thomas Reid,
que distingue entre uma geometria da visão e uma geometria do tato. O verdadeiro
objeto da geometria é de competência desta última. Na *Inquiry* de 1764 Reid diz: "Este
pequeno espécime da geometria dos visíveis pretende levar o leitor a uma concepção

lógico para toda uma gama de propostas alternativas; porém, no que segue, interessa-me articular alguns problemas vinculados ao raciocínio diagramático à luz do problema da representação do invisível que o platônico tem de enfrentar. Faço isso com a intenção de tornar clara que resposta o platônico pode dar ao problema das relações entre diagramas e realidade matemática.

6.2.2. Raciocínio Diagramático

Parte da fenomenologia relativa a nossos raciocínios em geometria elementar compreende o uso de diagramas. Esses podem ser desenhados no papel ou num quadro negro e, no mundo grego, eram traçados na areia, em tábuas de cera, ou em papiros. Este tipo de fenomenologia não pode ser ignorada. Nesse sentido, o raciocínio diagramático é constitutivo da atividade matemática pelo menos até fins do século XIX. Ainda hoje, não obstante a iconoclastia do final do século XIX, os matemáticos fazem constantemente uso de diagramas em seu trabalho. Partindo então da citação platônica e assumindo o realismo das entidades matemáticas, queria pôr a seguinte questão: em que sentido se pode defender o ponto de vista de que o diagrama seja, por alguns aspectos significativos, 'como' o objeto mesmo (a diagonal traçada 'como' a diagonal em si mesma)? De outra maneira, como pode o diagrama dar acesso à realidade mesma?

6.2.2.1. A Iconicidade

Quando fazemos geometria elementar, traçamos círculos, triângulos, e diagramas ainda mais complicados. Podemo-nos perguntar: qual é a relação entre o diagrama traçado e os objetos ou fatos geométricos mesmos? Platão fala de 'semelhança' sem

---

clara e distinta da figura e da extensão que é apresentada à mente pela visão; e para demonstrar a verdade do que afirmamos acima, a saber: que aquelas figuras e aquela extensão que são o objeto imediato da vista não são as figuras e a extensão sobre a qual a geometria comum é empregada; que o geômetra, enquanto olha seu diagrama e demonstra uma proposição tem uma figura presente para seu olho, que é somente um signo e representante de uma figura tangível; que ele não dá a menor atenção para a primeira, mas dá atenção somente para a última, e que estas duas figuras possuem propriedades diferentes, assim que o que ele demonstra de uma não é verdadeiro da outra" (*An Inquiry into the human mind*, chapter 6, p. 106).

dar outros detalhes. Proclo, comentando a mesma passagem da *República*, fala de imitação:

> Os visíveis são, com efeito, imitações do objeto do discurso, o círculo e o triângulo traçados são, obviamente, uma imitação do círculo e do triângulo em geometria.[7]

Leibniz, em um trabalho de 1677, menciona também a semelhança entre o círculo traçado sobre o papel e o círculo geométrico mesmo:

> B. Porém, quando inspecionamos figuras geométricas, amiúde extraímos verdades delas mediante uma meditação rigorosa.
>
> A. Assim é, porém deve-se saber que essas figuras devem ser consideradas caracteres, pois um círculo desenhado no papel não é o verdadeiro círculo nem isso é necessário, basta que seja tomado por um círculo.
>
> B. Porém, existe uma certa semelhança com o círculo e esta semelhança não é, por certo, arbitrária.
>
> A. Admito-o, e por isso as figuras são os mais úteis dos caracteres.[8]

Mas, como podemos explicitar essa noção de semelhança? É natural apelar aqui ao filósofo que, mais do que qualquer outro, dedicou suas energias intelectuais ao problema, C. S. Peirce. Como é bem conhecido, Peirce divide os signos em três categorias: ícone, índice e símbolo. Que uma coisa possa ser classificada como símbolo depende de nosso interesse ao nos confrontarmos com ela. Se o interesse é mediador, a saber, "conferir à mente a idéia de uma coisa", estamos diante de um signo ou uma representação. Um signo "é uma coisa que serve para transmitir

---

[7]Proclo tem uma elaborada teoria sobre como o círculo em si mesmo (a forma do círculo) se relaciona às figuras na imaginação: "Portanto, do mesmo modo que a natureza predomina de forma eficiente sobre as figuras sensíveis, a alma, operando na esfera do conhecimento, projeta na imaginação, como num espelho, os conceitos das figuras; e a imaginação, recebendo em forma de simulacro estas aparências que são no interior, induz a alma, através destes simulacros, a voltar-se para o interior, e, a partir dos simulacros, a voltar sua atenção para si mesma" (Proclo, 1978, 141, 128).

[8]G.W. Leibniz, GP, VII, 191–192. A posição de Leibniz é muito sutil, e, em outras passagens, ele parece realmente chegar à noção de semelhança de estrutura, que discutiremos mais adiante no texto. Vejam-se as passagens de 'O que é uma ideia?' e a discussão em Cassirer, 1922, vol. II, p. 166–170. Um belo artigo sobre estas questões é Swoyer 1995. De Risi 2005 sustenta que o conceito de isomorfismo (e até mesmo aquele de isomorfismo parcial, isto é, de homomorfismo) se encontra efetivamente nos escritos de Leibniz, e fundamenta uma grande parte de seu livro sobre esta interpretação.

conhecimento de alguma outra coisa, dos quais se diz que estão
por ou representam" (Peirce 1999, p. 13). A primeira categoria de signos é aquela de "semelhanças ou ícones, que servem
para transmitir idéias das coisas que representam simplesmente
imitando-as" (Peirce 1999, p. 5). Segundo Peirce, os ícones estão
no coração da matemática:

> Será mostrado que o raciocínio dos matemáticos gira em torno do
> uso das semelhanças, que são as próprias dobradiças dos portais
> de sua ciência. A utilidade das semelhanças para os matemáticos
> consiste em sugerir, de forma muito precisa, novos aspectos de
> supostos estados de coisas. (Peirce 1999, p. 6)

Portanto, os diagramas em geometria são exemplos paradig-
máticos de semelhança:

> Um diagram é um tipo de ícone particularmente útil, pois ele
> suprime uma quantidade de detalhes e, assim, permite à mente
> pensar mais facilmente acerca das características importantes. Se
> desenhadas precisamente, as figuras da geometria são tão semel-
> hantes a seus objetos que são quase instâncias deles; mas todo es-
> tudante de geometria sabe que não é de modo algum necessário, e
> nem mesmo útil, desenhá-las tão bem, uma vez que se desenhadas
> grosseiramente elas ainda se assemelham o suficiente de seus ob-
> jetos nos detalhes particulares para os quais a atenção deve estar
> dirigida. Muitos diagramas se assemelham a seus objetos não em
> sua aparência, é somente com respeito às relações de suas partes
> que consiste sua semelhança. (Peirce 1999, p. 13)

Esse recurso à semelhança pode parecer promissor; porém, se
não temos uma visão clara da natureza dos objetos representados
por um diagrama (coisa que Peirce não fornece), é difícil dizer em
que sentido existe uma semelhança entre os objetos representados
e os diagramas. Do ponto de vista platônico (ou realista), parece
inclusive impossível sustentar que exista uma semelhança icônica
entre o diagrama de um círculo, considerado como um objeto
espaço-temporal, e o círculo em si mesmo, que, para o platônico
(ou realista), não tem uma posição espaço-temporal.

Do ponto de vista platônico, poder-se-ia responder que o
procedimento descrito por Platão, *per visibilia ad invisibilia*[9], é

---

[9]Esta bela frase se encontra em Hugo de São Vítor. É o resultado de uma ligeira
paráfrase de uma frase de Santo Agostinho (De Civitate Dei, X, 14). Veja-se Coulter
2006.

ingênuo, se pretendemos encontrar nos *invisibilia* todas as propriedades dos *visibilia* (coisa que Platão naturalmente não sustentava) e, em particular, aquelas propriedades que são essencialmente espaço-temporais. Assim como entre um objeto e sua sombra somente algumas relações são preservadas (propriedades projetivas, mas não métricas), devemos buscar, do mesmo modo, aquelas relações que o diagrama e a realidade matemática têm em comum para dar conta dessa noção de semelhança.

No seu livro *Grafos existenciais* Peirce retorna à questão da semelhança entre diagramas e situações representadas. Ele se propõe estudar as propriedades dos diagramas lógicos. No caso mais simples podemos representar a relação entre as premissas e a conclusão de um silogismo através dos diagramas de Euler. Por exemplo, uma dada classe de objetos pode ser representada por um círculo, e a noção de inclusão entre classes, através da inclusão espacial de um círculo em outro. Considere-se o silogismo:

> Todos os animais são mortais.
> Todos os homens são animais.
> Todos os homens são mortais.

Se indicarmos por A a classe de todos os animais, por B a classe dos homens, e por C a classe dos mortais, temos:

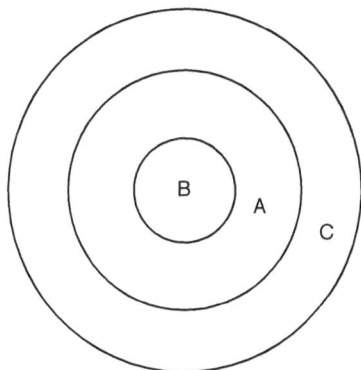

B   A
C

Peirce sustenta que este tipo de representação diagramática é:

> veridicamente icônico, naturalmente análogo à coisa represen-
> tada, e não uma criação de convenções (Peirce, 4.368)

Parece-me que aqui ultrapassamos os limites de uma concepção da iconicidade. A menos que usemos iconicidade em
sentido completamente distorcido, a relação de iconicidade deve
estar baseada sobre uma semelhança entre o signo e o objeto representado. Porém, no caso em discussão, não há nenhuma semelhança espacial entre o diagrama e as situações representadas,
digamos, entre um círculo e um conjunto de objetos. Além disso,
a relação entre conjuntos de objetos é uma relação abstrata de inclusão. O diagrama representa aquela relação abstrata através da
relação espacial de inclusão entre dois círculos. Não há nenhuma
relação "natural" de semelhança entre as duas relações. Com
efeito, elementos de convencionalidade são necessários para estabelecer a relação. Isto não significa negar que exista uma relação
que permita relacionar o diagrama e a situação representada, mas
somente rejeitar que esta relação seja icônica.

Recordemos de novo a parte final da citação de Peirce:

> Muitos diagramas se assemelham a seus objetos não em sua
> aparência, é somente com respeito às relações de suas partes que
> consiste sua semelhança. (Peirce 1999, p. 13)

Mas, para seguir essa indicação devemos abandonar a relação
de semelhança pictórica e buscar algo mais apropriado.[10]

6.2.2.2. A Superação da Iconicidade

No *Tractatus*, Wittgenstein reflete sobre a natureza das figurações
(*Bilder*, imagens) e propõe um critério segundo o qual aquilo
que a figuração (*Bild*, imagem) compartilha com o objeto representado é uma determinada 'forma da representação'. Segundo
Wittgenstein, "os elementos da figuração substituem nela os objetos" (2.131) Os elementos últimos da figuração (imagem) são
representantes de outros objetos, mas não mantêm com estes uma

---

[10]Concordamos, assim, com a análise dos limites da concepção de iconicidade de
Peirce contida no texto "A Theory of Semiotics" de Umberto Eco 1976. Sobre Peirce,
veja-se Marietti 2001.

relação de representação. Somente a figuração (imagem) tem esta função de representação. Em 2.14 Wittgenstein diz: "A figuração consiste em estarem seus elementos uns para os outros de uma determinada maneira". E, em 2.15, isto está conectado à situação representada como segue:

> Que os elementos da figuração estejam uns para os outros de uma determinada maneira representa que as coisas assim estão umas para as outras.
>
> Essa vinculação dos elementos da figuração chama-se sua estrutura; a possibilidade desta, sua forma de afiguração.

A forma da afiguração é aquilo que a figuração (imagem) tem em comum com a realidade, e que lhe permite ser uma representação. Wittgenstein a chama de forma lógica. Naturalmente, a noção de figuração (imagem) com a qual estamos trabalhando é muito abstrata. Esta noção de figuração (imagem) inclui não somente imagens ordinárias, mas também outras noções que normalmente não consideramos como imagens (não no sentido ordinário em que uma coisa pode ser imagem de uma outra).

Neste ponto, podemos perguntar-nos se este aparato wittgensteiniano ajuda de algum modo ou se, em lugar disso, estamos ainda no nível em que nos encontrávamos com a noção de 'semelhança' platônica e leibniziana. No entanto, quando atentamos seriamente para o que Wittgenstein diz sobre a relação entre proposição elementar e estado de coisas atômico, podemos extrair da proposta wittgensteiniana um critério positivo. Aquilo que a figuração (imagem) e a situação representada têm em comum é uma semelhança estrutural. Tentemos agora desenvolver essa intuição. Em matemática a noção de semelhança estrutural é capturada através das noções de isomorfismo e de homomorfismo.

6.2.2.3. Isomorfismo e Homomorfismo

Os matemáticos trabalham com estruturas, isto é, conjuntos de objetos com determinadas operações e relações definidas sobre estes objetos. Estruturas familiares são $(N, +, \times, <)$ ou $(R, +, \times, <)$, onde 'N' e 'R' estão, respectivamente, pelos números naturais e os números reais. Estas estruturas são elas mesmas exemplos de outras estruturas abstratas (semi-anéis no caso de N e corpos no caso de R).

Consideremos o caso de uma estrutura abstrata muito simples, uma ordem total. Uma estrutura $(A, \leqslant)$ é uma ordem total se e somente se para todo a, b, c no conjunto A vale:

Se $a \leqslant b$ e $b \leqslant a$ então $a = b$ (anti-simetria);

Se $a \leqslant b$ e $b \leqslant c$ então $a \leqslant c$ (transitividade);

$a \leqslant b$ ou $b \leqslant a$ (totalidade ou completude).

A estrutura $(N, \leqslant)$ é uma ordem total, assim como o é $(Pares, \leqslant)$, onde 'Pares' está pelo conjunto dos números pares. Definamos o isomorfismo e o homomorfismo para este tipo de ordem. A definição geral para todo tipo de estrutura não traz complicações essenciais. Duas ordens totais $(A, \leqslant)$ e $(B, \leqslant)$ são isomorfas se e somente se:

a) Existe uma função injetiva e sobrejetiva h de A em B.

b) Para todo a, b em A, $a \leqslant b$ se e somente se $h(a) \leqslant h(b)$.

Por isso, definindo $h(n) = 2n$, obtemos um isomorfismo de $(N, \leqslant)$ e $(Pares, \leqslant)$. A noção de homomorfismo é mais fraca do que a noção de isomorfismo. Ela é obtida enfraquecendo a primeira condição na definição de isomorfismo (a função h pode não ser injetiva ou sobrejetiva). Tudo aquilo que se requer da função h, no caso de ordens totais, é que preserve a ordem entre as duas estruturas. Por exemplo, $h(n) = n$ é um homomorfismo entre $(N, \leqslant)$ e $(R, \leqslant)$.

Consideremos agora um exemplo advindo da teoria dos grafos, já utilizado por Eco, em Eco 1976.

Suponhamos que queremos representar a relação subsistente entre quatro objetos (A, B, C, D) que são relacionados por uma relação R como segue: *ARB, ARC, CRD, DRA, BRD, BRC*. Posso representar os objetos através de vértices em um diagrama, onde os segmentos orientados (indicados por uma flecha) representam a subsistência da relação entre os elementos unidos pela flecha. Porém, nota-se que muitos diagramas geométricos podem

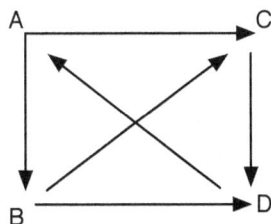

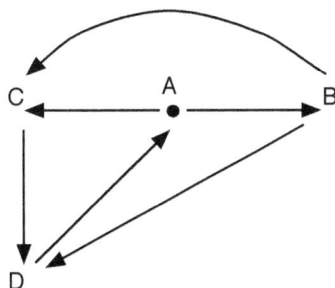

representar a mesma situação. Aquilo que têm em comum não é uma semelhança visual. Visualmente, os diagramas são muito diferentes. Trata-se, portanto, de uma semelhança estrutural, que pode ser analisada em termos da noção abstrata de isomorfismo.

A proposta de usar as noções de isomorfismo e homomorfismo para capturar o que os diagramas têm em comum com a situação representada tem sido defendida ultimamente por Barwise e Etchemendy, dois dos mais importantes atores no recente *revival* do interesse no raciocínio diagramático:

> Um bom diagram é isomorfo, ou ao menos homomorfo, à situação que representa (Barwise, Etchemendy, 1996).

Ademais, a mesma proposta encontra-se em âmbitos diferentes, como, por exemplo, na teoria dos modelos mentais de raciocínio de Johnson-Laird. Em um trabalho recente, Johnson-Laird faz referência tanto a Peirce como a Barwise e Etchemendy para sustentar que a relação entre modelos mentais e situação representada (*depicted*) é icônica, sendo a iconicidade é entendida no sentido de "tendo a mesma estrutura daquilo que representam" (Johnson-Laird, 2006, p. 122).

A proposta de Barwise e Etchemendy aproxima-se daquela de Wittgenstein no sentido de que, para mostrar que um isomorfismo (respectivamente, um homomorfismo) subsiste entre a representação e a situação representada, não se postula uma relação de semelhança (pictórica) entre os elementos de base do diagrama e os elementos representados, ou entre as relações subsistentes entre os elementos do diagrama e as relações subsistentes entre os elementos representados. Poder-se-ia contestar que já são conhecidas as objeções contra a noção de iconicidade para uma explicação do funcionamento do diagrama. Afinal de contas, as idéias icônicas de representação teriam sido criticadas de uma vez por todas por Nelson Goodman em *The Languages of Art*, e as idéias de Peirce sobre iconicidade seriam muito idiossincráticas para fornecer uma solução satisfatória aos problemas que nos interessam. No entanto, a situação não é assim tão simples. Em primeiro lugar, porque as objeções de Goodman à iconicidade na representação não são tão definitivas como se acreditava (veja-se, por exemplo, a crítica de Diper 1996 a Goodman, de um ponto de vista peirceano). Em segundo lugar, o critério de homomorfismo, ainda que defendido por muitos, tem sido proposto sem uma análise detalhada da situação em geometria elementar, e o problema da iconicidade continua a reaparecer em contribuições recentes, como aquela que discutiremos na próxima seção.

6.2.3. Macbeth sobre os Diagramas Geométricos

Considere-se, por exemplo, o artigo Macbeth 2010, que é uma tentativa de reintroduzir a iconicidade em geometria. Pode-se perguntar como a proposta de Macbeth pode resolver os problemas que levantamos. Na sua versão da natureza do raciocínio diagramático em Euclides, Macbeth apresenta aquela que, em seu modo de ver, é a dimensão icônica do uso dos diagramas na geometria euclidiana. Sua leitura de Peirce sobre a iconicidade sublinha a dimensão mais metafórica da iconicidade e a remete ao critério do homomorfismo:

> Se figuras desenhadas na geometria euclidiana possuem significado não natural, no lugar de natural, então elas podem, por intenção, serem essencialmente gerais. Parece-me também claro que, neste caso, elas funcionariam como ícones no sentido de Peirce, e não como símbolos ou índices, pois, de algum modo, seriam *semelhantes* àquilo que significam. Porém, esta semelhança não é, ao menos não meramente e diretamente, uma semelhança em aparência. Como observa Peirce, "muitos diagramas se assemelham a seus objetos não em sua aparência, é somente com respeito às relações de suas partes que consiste sua semelhança". Podemos, então, conceber uma figura desenhada em Euclides como um ícone que (embora possa também se assemel-

har a seu objeto em aparência) significa por meio da semelhança
ou similaridade nas relações das partes, isto é, em virtude de um
homomorfismo. Por exemplo, sob tal concepção, um círculo desenhado serve como um ícone de um círculo geométrico não em
virtude de qualquer similaridade de aparência entre os dois, mas
porque existe uma relação de semelhança nas relações das partes
do desenho, especificamente, na relação dos pontos na circunferência traçada com o centro desenhado, por um lado, e a relação
das partes correspondentes da figura geométrica, por outro lado.
(Macbeth, 2010, 245–246)

À primeira vista, a solução de Macbeth pareceria não ter
acrescentado nada ao problema. No entanto, sustento que, na
maneira de colocar o problema, Macbeth revela exatamente o
tipo de confusões que tenho procurado trazer à tona na minha
apresentação. Macbeth sustenta que as demonstrações em Euclides "não envolvem raciocínio acerca de *instâncias* das figuras
geométricas, linhas particulares, triângulos, etc., a demonstração
é, no lugar disto, completamente geral". Perguntemo-nos, porém,
como funciona o diagrama euclidiano. Macbeth segue Paul Grice
ao distinguir entre significado natural e significado não-natural.
Não quero aqui aprofundar essa distinção, mas um bom exemplo
pode ser aquele das manchas sobre a pele que podem significar
'naturalmente' a presença de escarlatina, enquanto um aviso no
qual é superposto um 'x' à imagem de um cigarro significa 'não-
naturalmente' que é proibido fumar. Macbeth utiliza, em particular, um outro exemplo de Paul Grice, exemplo que contrapunha a
informação fornecida por uma fotografia àquela fornecida por um
diagrama. Macbeth sublinha que, no caso da fotografia, temos
um significado natural, em virtude de uma semelhança (induzida
causalmente) entre a imagem contida na fotografia e aquilo de
que a fotografia é imagem. Porém, há outros casos, continua
Macbeth, nos quais um desenho pode ter aquele seu significado
ou conteúdo em virtude de que alguém o entende com aquele
significado ou conteúdo (e pretende que sua intenção seja reconhecida) e jogue um determinado papel no ato comunicativo.

Trata-se neste caso de uma significação não-natural. Ora, Macbeth pretende mostrar que os diagramas euclidianos têm significado não-natural e já forneceu uma citação para este propósito.
Porém, não é esta parte da argumentação de Macbeth sobre a

qual quero tratar. Quero, em lugar disso, refletir sobre aquilo que Macbeth diz a propósito da possibilidade de que o diagrama tenha também uma significação natural. Macbeth diz:

> Assim, podemos nos perguntar se uma figura desenhada em Euclides tem significado griceano natural ou, no lugar disto, significado griceano não natural? Se ela é um desenho de uma instância, uma figura geométrica particular, então ela tem significado natural (p. 244).

E algumas linhas depois acrescenta:

> Se [um diagram euclidiano] tem significado natural, então é em virtude de ser instância de uma figura geométrica (p. 244).

Disso se segue que todo diagrama geométrico, por ser também uma instância da entidade geométrica, joga um papel duplo. Por um lado, tem uma significação não-natural, que lhe permite ser utilizado para demonstrações gerais. Por outro lado, no entanto, é também um exemplo concreto de um objeto geométrico; e como tal tem uma significação natural:

> Um círculo desenhado visto como uma instância de um círculo é um ícone de um círculo que tem significado natural porque funciona desta forma independentemente de pretendermos que funcione assim. Porém, um círculo desenhado também pode funcionar como um ícone com significado não natural. Neste caso ele pode ser essencialmente geral, um ícone de um círculo sem especificações adicionais. (p. 245, nota 15)[11]

Os diagramas, tal como são usados por Euclides, não deveriam, segundo Macbeth, assemelhar-se muito àquilo de que são

---

[11]Além disso, "Um círculo desenhado, tenho sugerido, pode se parecer com um círculo devido a duas razões. Ele pode se parecer com um círculo pela mesma razão que um cachorro se parece com um cachorro, a saber, porque ele é um círculo, uma instância particular da natureza círculo [*circle nature*]. Ou, então, ele pode se parecer com um círculo porque ele é um ícone com significado não natural que, como pretendemos que seja, se assemelha a um círculo acima de tudo pelas relações entre suas partes. Porque aquilo do qual ele é um ícone é uma natureza círculo [*circle nature*] e porque o que é essencial para um círculo ser um círculo é que todos os pontos da circunferência sejam eqüidistantes do centro. É para representar iconicamente esta relação das partes que o próprio ícone vem a parecer grosseiramente circular. A aparência de circularidade é induzida neste caso pela semelhança de ordem superior antes de ser algo que, de qualquer modo, está ali (como a circularidade, de qualquer modo, está ali em um desenho de uma instância particular de um signo)" (Macbeth 2010, 246).

ícones. Isto não é verdadeiro de uma instância. Em resumo, seguindo a analogia da fotografia com o desenho, temos que um exemplo deve assemelhar-se tanto quanto possível com o objeto representado:

> Uma instância deve, tanto quanto possível, se parecer com o que elas são. Segue-se disto que instâncias são muito mais difíceis de desenhar do que ícones (pp. 246–247).

Sustento, então, que retornamos ao ponto de partida. Em que sentido podemos dizer que o diagrama como exemplo assemelha-se ao objeto? A resposta de Macbeth, neste caso, não se limita a relações de homomorfismo (que utiliza para discutir a significação não-natural do diagrama). A situação é, pois, relacionada ao tema de nossa discussão, enquanto Macbeth parece pressupor uma concepção platônica das entidades geométricas. De fato, após discutir algumas complicações vinculadas às demonstrações por absurdo, lemos:

> Nem este é o único tipo de caso no qual é impossível desenhar uma instância. Sabemos, como Euclides nos diz na primeira seção dos *Elementos*, que um ponto é aquilo que não tem partes, e que um segmento de linha é um comprimento que não possui largura (e cujas extremidades são pontos). Tais entidades claramente não são perceptíveis, não há nada que se pareça com uma coisa sem partes ou um comprimento sem largura. Segue-se disto que não é possível desenhar uma instância nem de um ponto nem de uma linha. Por outro lado, tais coisas, e suas relações umas com as outras, podem ser representadas iconicamente. Uma linha reta traçada, por exemplo, pode representar (pode ser pretendida iconicamente para significar) uma linha sem pontos finais. Um círculo desenhado é, novamente, um caso ligeiramente diferente, pois círculos desenhados aparentam ser, grossamente, circulares, isto é, existe uma aparência que podemos atribuir a círculos geométricos (pp. 248–249)

A posição de Macbeth parece-me altamente instável. Se os pontos e as linhas são imperceptíveis, invisíveis, para seguir a terminologia de minha exposição, também o são os círculos, os triângulos etc. Se, ao invés disso, os círculos e os triângulos são passíveis de exemplificação, como diagramas desenhados, então também o são os pontos e os segmentos. A confusão nasce de atribuir-se ao diagrama, ao mesmo tempo, dois predicados diferentes: o de ter uma forma circular (um predicado físico) e o de ser um exemplo (*instance*) do objeto geométrico círculo. Em conclusão, se o círculo é um objeto geométrico platônico, nenhum diagrama pode-se-lhe assemelhar como uma fotografia se assemelha ao objeto fotografado, isto é, não existe "a similarity of appearance".[12]

6.2.4. Problemas Vinculados ao Raciocínio Diagramático

Ingressamos assim na literatura recente sobre raciocínio diagramático. Seja-me permitido aqui elencar alguns tópicos centrais:

1. A proposta de que um bom diagrama é isomorfo ou homomorfo à situação descrita é satisfatória? Jim Brown a colocou em dúvida em seu livro *Philosophy of Mathematics. An introduction to the world of proofs and pictures*. Ele nega que muitos diagramas tenham um estatuto representacional, ainda que defenda uma filosofia platônica da matemática.

> Consequentemente, quero sugerir algo um tanto diferente. Minha ousada conjectura... é: algumas 'figuras' não são realmente figuras, mas sim são janelas para o céu platônico. O diagrama da teoria de números, certamente, é uma representação para o caso $n = 7$, mas não é para toda generalidade. Para a última, ela funciona de forma diferente, mais próxima de um instrumento. Com efeito, esta é uma concepção realista da matemática, mas não das figuras. Um telescópio ajuda o olho nu; da mesma forma, alguns diagramas são instrumentos (antes do que representações) que ajudam o olho nu da mente. (Brown, 2007, p. 39)

---

[12]Que a posição de Macbeth seja instável o mostra também a seguinte citação, que parece indicar que nenhum diagrama pode ser um exemplo do objeto geométrico, contrariamente àquilo que foi sustentado anteriormente por ela: Uma figura desenhada tal como (digamos) um quadrado possui como partes: quatro linhas retas, quatro pontos as conectando, quatro ângulos, todos eles retos, e a área enclausurada por aquelas quatro linhas. Sem dúvida, na figura como de fato desenhada as linhas não serão verdadeiramente retas ou do mesmo tamanho, e elas não se encontrarão em um ponto, os ângulos não serão retos ou iguais uns aos outros. Porém, isto não importa, porque o quadrado desenhado não é uma figura ou instância de um quadrado, mas, no lugar disto, é um ícone de um quadrado, um que formula certas propriedades necessárias dos quadrados (p. 256).

Gostaria aqui de acrescentar ainda os problemas levantados pela representação de objetos geométricos infinitos, cujos diagramas são necessariamente finitos.

2. Os diagramas são enganadores e isto levou, com Pasch e Hilbert, a restringir seu papel à simples função heurística. Porém, poder-se-ia perguntar se os diagramas não podem desempenhar, além da função heurística, também uma função epistêmica que lhes permita um papel de justificação na aquisição do saber matemático. Existe uma vasta literatura sobre este ponto (Giaquinto, Norman, Hammer, Shin, Barwise and Etchemendy, Panza). Além do mais, como é possível explicar a incrível estabilidade da geometria euclideana, uma atividade essencialmente diagramática? (Manders, Mumma, Miller, Avigad).

3. Qual é a relação entre raciocínio linguístico e raciocínio diagramático? Quais são as vantagens e desvantagens das respectivas formas de representação? Estes são problemas de grande importância também para a inteligência artificial (veja-se Hammer and Shin 2003).

Abre-se assim uma vasta área de pesquisa concernente aos diferentes tipos de representação e as condições que elas devem satisfazer para ser consideradas representações satisfatórias do objeto ou da situação mesma. Por exemplo, em muitos casos, necessita-se assegurar que o meio da representação não introduza limitações vinculadas à sua própria natureza particular, o que frustraria sua capacidade representacional. Um caso simples e interessante é aquele do Teorema de Halley, que mostra haver conjuntos consistentes de enunciados sobre intersecção de conjuntos que não podem ser representados por nenhum diagrama de curvas convexas. O resultado mostra as limitações do diagrama de Euler para a representação de relações conjuntistas. Somos assim levados a nos interrogar sobre a questão das vantagens e das desvantagens de representações alternativas em vários domínios da matemática (considerem-se, por exemplo, as representações alternativas de curvas que se encontram na geometria de Descartes: movimentos regulados, construções por pontos, equações algébricas etc.). Representações desse tipo podem ser de natureza analítica ou geométrica. Na história da matemática e em certas áreas da matemática contemporânea (geometria, análise complexa, topologia, teoria das categorias), a representação geométrica/diagramática joga um papel fundamental. Este desejo de visualização é motivado seja pela temática fundacional (pense-se na "Versinnlichung" dos números complexos dada por Gauss), seja por motivações heurísticas, como no caso da teoria de fractais e da geometria diferencial.

Na parte restante do trabalho, pretendo mostrar que o tema da representação do invisível é suscetível de um tratamento diferente, que ingressa, por assim dizer, no interior da prática matemática.

6.3. A Dicotomia Visível/Invisível e a Prática Matemática

6.3.1. O Mundo Invisível, os Fantasmas e a Matemática

Por definição, não temos acesso sensorial ao invisível. Por que, então, postulá-lo? Podemos fazer a mesma pergunta no que respeita à teorização em física. Em um belo artigo, *The unseen world*, Michael Redhead começa dizendo que "a Ciência trata com muitas coisas que não podemos observar diretamente". Entre essas entidades estão os elétrons, os quarks, os fótons, os glúons, a energia, a entropia, e as entidades matemáticas como os números e os espaços de Hilbert. A ciência, segundo a concepção de Redhead, versa sobre o Mundo Invisível ("Unseen World"). Ainda que se defenda a ideia de que o diretamente observável possa ser estendido para incluir aquilo que vemos com o microscópio e com o telescópio, e que se possa estender o "ver" para incluir a observação da interação entre partículas elementares em uma câmara de bolha ou qualquer coisa similar, a ciência se expande em domínios nos quais simplesmente devemos postular a existência de entidades que não são concebidas como tendo uma existência física real: "eles pertencem ao Mundo Invisível em um sentido mais extremo do que elétrons ou fótons". Como exemplo, Redhead menciona aquele das teorias de calibre (*gauge theories*).

Essas são teorias nas quais os sistemas físicos sob consideração são descritos por mais variáveis do que os graus de liberdade fisicamente independentes. Esses graus fisicamente independentes de liberdade originam partículas fantasmas como os campos fantasmas (*ghost fields*), que representam um grau negativo de liberdade. Esses fantasmas (e seus antifantasmas) jogam um papel importante nas modernas teorias de calibre não-abelianos.

A matemática passou também por extensões similares do visível e, consequentemente, pela relativização da oposição visível/invisível em analogia com o microscópio e o telescópio. Além do mais, também a matemática tem tido uma boa dose de fantasmas. Admito que a noção de visível e de invisível aqui é mais metafórica do que a analisada na primeira parte deste artigo. No entanto, uma análise deste tipo de situação nos conduz a problemas de metodologia da matemática de extremo interesse. Queria tratar aqui de dois exemplos concretos. O primeiro vem da análise infinitesimal; o segundo, da geometria projetiva.

A menção aos fantasmas certamente trará à mente a famosa polêmica do bispo Berkeley em *O Analista*:

> O que são fluxões? As velocidades dos incrementos evanescentes. E o que são estes incrementos evanescentes? Eles não são nem quantidades finitas, nem quantidades infinitamente pequenas, e nem são nada. Não podemos chamá-los de fantasmas de quantidades que partiram? (Berkeley 1734, p. 44, §35)[13]

Porém, os fantasmas eram também evocados por Steiner na geometria projetiva:

Para Steiner as magnitudes imaginárias da Geometria ainda são "fantasmas", que, por assim dizer, fazem sentir os seus efeitos a partir de um mundo superior, sem que possamos ter uma ideia clara de sua natureza. (F. Klein, 1926, 129; veja-se Rowe 1997)

É justamente sobre esses fantasmas que gostaria agora de chamar a atenção do leitor. Interessa-me aqui mostrar como a

---

[13]Berkeley pretendia incluir entre os fantasmas toda a variedade de entidades suspeitas postuladas pelos analistas de seu tempo: "Embora incrementos momentâneos, quantitades nascentes e evanescentes, fluxões e infinitesimais são, na verdade, entidades sombrias tão difíceis de imaginar ou conceber distintamente, que (para dizer o mínimo) não podem ser admitidas como princípios ou objetos de uma ciência clara e precisa." (*The Analyst*, §49)

oposição entre visível e invisível joga um papel no interior da prática matemática.[14] Enquanto que, na primeira parte deste ensaio, enfrentei temáticas que diziam respeito à matemática na sua complexidade global, na prática matemática nos confrontamos com oposições de tipo mais 'local'.

No primeiro caso que discutirei (aquele da geometria projetiva) a oposição visível/invisível se apresenta como segue:

Visível   Invisível
Pontos reais   Pontos imaginários

Considere-se, por exemplo, a seguinte citação retirada do texto de J. W. Russell, *An Elementary Treatise in Pure Geometry*:

Capítulo III (Propriedades Harmônicas de um Círculo)

1. Toda linha encontra um círculo em dois pontos, reais, coincidentes ou imaginários.

Tome, pois, qualquer linha l cortando um círculo nos pontos A e B. Agora, mova l paralelamente a si mesma, distanciando-se do centro do círculo. A e B, então, aprocimam-se e, em última instância, coincidem quando l toca o círculo. Porém, quando l se move ainda mais do centro, os pontos A e B tornam-se invisíveis; ainda, por razões de continuidade, dizemos que eles ainda existem, mas são invisíveis ou imaginários. (Russell, 1893, p. 23)

---

[14]O uso da contraposição entre o visível e o invisível se encontra inclusive na prática matemática. Por exemplo, encontramos pontos visíveis e invisíveis na teoria dos números (Herzog, Stewart 1971), ordinais invisíveis (Kranakis 1982), pontos visíveis e invisíveis de convergência não-uniforme (Young 1903), conjuntos visíveis e invisíveis (Csörnyei 2000), subgrupos invisíveis (Mikhailov 2000). No entanto, essas ocorrências são diferentes daquelas destacadas no texto, porque não se baseiam em uma extensão ideal de um conjunto já dado de objetos 'reais'. Um outro caso de estudo que poderia ser interessante é a discussão sobre dimensões superiores (especialmente a quarta dimensão) onde a metáfora da caverna platônica é inclusive utilizada para sugerir que nas três dimensões nós somente vemos as sombras dos objetos que vivem nas dimensões superiores (veja-se Cayley 1883 para um enunciado clássico de referência à caverna platônica na matemática do século XIX e Manning 1921, p. 190, para uma referência à caverna platônica no contexto de uma discussão de divulgação sobre a quarta dimensão na geometria). Um uso influente da metáfora da caverna platônica se encontra também na geometria algébrica, como, por exemplo, na recente apresentação de Behesti e Eisenbud (15 março de 2007): "Plato's cave: what we still don't know about generic projections". Desejo agradecer D. Eisenbud por gentilmente ter me enviado as transparências da apresentação.

O segundo exemplo é retirado do cálculo infinitesimal, daquela particular reconstrução do cálculo fornecida pela análise *non standard*. Neste caso, a analogia é mais complexa, e pode ser reconstruída de dois modos diferentes. A primeira reconstrução trata a oposição como absoluta:

> Visível   Invisível
> Quantidade finita   Quantidade infinitesimal

A segunda reconstrução da oposição é relativa. Para cada ponto do contínuo *non standard*, é possível definir a oposição visível/invisível relativamente àquele ponto.

6.3.2. Geometria Projetiva

A geometria projetiva nos fornece um dos exemplos mais interessantes de extensão de um domínio matemático por intermédio de elementos ideais, os chamados pontos no infinito ou pontos imaginários. Os procedimentos de acréscimo de tais elementos são denominados de completamento projetivo e complexificação. A revolução projetiva começa com Poncelet, que introduziu essas novas entidades em geometria. Os pontos imaginários são pontos cujas coordenadas podem ser números complexos. Mark Wilson sublinhou a revolução "ontológica" realizada pelos geômetras projetivos assim:

> Antes do que pensar os pontos extras como "conveniências", os geômetras projetivos viam as adições como revelando o "verdadeiro mundo" no qual as figuras geométricas vivem. Figuras familiares tais como círculos e esferas possuem partes que se estendem em porções não vistas do espaço complexo hexadimensional, de tal modo que quando vemos um círculo euclidiano, nós percebemos somente uma porção da figura completa... Este modo de proceder ainda é a norma na geometria algébrica atual. (Wilson 1992, p. 114)

Hoje sabemos bem que Poncelet chegou à postulação dos elementos imaginários em geometria, passando pela álgebra e pela geometria analítica (inclusive a terminologia tem origem algébrica). No entanto, em sua obra prima "Traité de propriétés projectives de figures" (1822), a introdução de tais entidades era defendida por motivações puramente geométricas, e invocando o princípio de continuidade. A debilidade da geometria ordinária era posta em destaque já nas primeiras páginas do tratado:

> Na Geometria comum, freqüentemente denominada *síntese*, os princípios são totalmente outros, o andamento é mais tímido ou mais desgastante; a figura é descrita, jamais perdida de vista, raciocinamos sempre sobre grandezas, formas reais e existentes, e nunca extraímos consequências que não se poderiam se representar, à imaginação ou à vista, por objetos sensíveis; detemo-nos assim que tais objetos cessam de possuir uma existência positiva e absoluta, uma existência física. (Poncelet, 1822, xii)

Em contraste com a geometria sintética, a geometria analítica utiliza raciocínios mais gerais e trata muitos casos diferentes sob um único raciocínio. Poncelet apela ao princípio de continuidade para sustentar que a geometria sintética pode competir em generalidade com a geometria analítica:

> Consideremos uma figura qualquer, em uma posição geral e de algum modo indeterminada, dentre todas aquelas posições que ela pode ocupar sem violar as leis, as condições, o vínculo que subsiste entre as diversas partes do sistema; suponhamos que, a partir desses dados, tenhamos encontrado uma ou diversas relações ou propriedades, sejam métricas, sejam descritivas, pertencendo à figura, apoiando-se no raciocínio comum explícito, quer dizer por esse andamento que em alguns casos consideramos como o único rigoroso. Não é evidente que, caso conservemos os mesmos dados, e façamos variar a figura primitiva em graus insensíveis, ou venhamos a imprimir em determinadas partes dessa figura um movimento contínuo qualquer que seja, não é evidente que as propriedades e as relações, encontradas pelo primeiro sistema, permaneceriam aplicáveis aos estados sucessivos deste sistema, desde que, contudo, atentemos às modificações particulares que poderiam ocorrer, como certas grandezas se dissipando, modificando o sentido ou o signo, etc., modificações que será sempre fácil de reconhecer *à priori*, e por regras seguras? (Poncelet, 1822, xiii)

A esse princípio, Poncelet dá o nome de princípio de continuidade:

> Ora, esse princípio, considerado como um axioma pelos mais sábios geômetras, podemos nomeá-lo o princípio ou a lei de con-

tinuidade das relações matemáticas da grandeza abstrata e figu-
rada. (Poncelet, 1822, xiv)

Concentremo-nos, agora, em um exemplo concreto, e tratemo-
lo primeiro de um modo algébrico, e depois geometricamente.
Seja uma linha L e um círculo C. Seja a equação da linha $y = 0$. Seja a equação do círculo $x^2 + y^2 = 1$. Quando estudamos
a interseção de L e de C, encontramos dois pontos $x_1 = -1$ e
$x_2 = +1$, i.e., $(-1, 0)$ e $(1, 0)$. Consideremos, agora, a linha M
dada pela equação $y = 2$. Se desenhamos a linha e o círculo
no plano, vemos que M não intersecta C. No entanto, existem
duas soluções analíticas para a interseção entre C e M: $(-\sqrt{-3}, 0)$
e $(\sqrt{-3}, 0)$. Essas são as quantidades imaginárias que obtemos
como soluções do sistema de equações $\{y = 2$ e $x^2 + y^2 = 1\}$.

Vemos, aqui, que o tratamento algébrico tem a vantagem de
proceder de maneira uniforme também nos casos nos quais, do
ponto de vista da geometria sintética, as situações sob análise
parecem muito diferentes. A proposta de Poncelet permitiria,
também, ao geômetra sintético proceder como se fosse um caso
só, e assim fornece, por consequência, uma generalização e uma
uniformização da geometria sintética euclidiana.[15] A ideia é considerar uma linha e um círculo que são coplanares. Henrici, no
verbete "projeção", para a Enciclopédia Britânica (Henrici 1911),
explica a conexão com as quantidades imaginárias e se reporta à
temática da invisibilidade:

> Se uma linha corta uma curva e é movida, girada, digamos, sobre
> um ponto nela, pode ocorrer que dois dos pontos de intersecção
> se aproximam até coincidirem. A linha então se torna tangente.

---

[15]Por exemplo, no tratado *Modern Pure Geometry*, Holgate diz: "Pontos no infinito.
Elementos infinitamente distantes. A introdução na geometria da noção de elementos
infinitamente distantes foi de grande ajuda no processo de generalização com o qual
os métodos modernos estão especialmente concernidos. Muitos casos excepcionais
que, sob condições anteriores requereriam tratamento especial, com o acréscimo deste
conceito, são trazidos em conformidade com um enunciado geral. Elementos infinitamente distantes são vislumbrados mais facilmente a partir das seguintes considerações.
Suponha uma linha reta b que, passando através de um ponto fixo O, intersecta a linha
a em um ponto P, e suponha que a linha b gira através de O como indicado pela flecha.
O ponto de intersecção P se moverá ao longo da linha a para a direita até ser perdido de
vista e, então, imediatamente, aparecerá no extremo esquerdo, movendo-se ao longo da
linha no mesmo sentido que antes. Supõe-se que as duas linhas nunca deixaram de se
intersectarem e que o ponto P se moveu continuamente ao longo da linha a, desapare-

Se a linha é movida mais ainda da mesma maneira, ela se separa da curva e os dois pontos de intersecção são perdidos. Assim, ao considerar a relação de uma linha com uma cônica, temos que distinguir três casos—a linha corta a cônica em dois pontos, a toca, ou não tem nenhum ponto em comum com ela. Isto é análogo ao fato uma equação quadrática com uma quantia incógnita ter ou duas, uma ou nehuma raiz. Em álgebra, porém, por muito tempo tem se achado conveniente expresar isto de forma diferente, dizendo que uma quação quadrática possui duas raízes, mas estas podem ser ambas reais e diferentes, ou iguais, ou elas podem ser imaginárias. Em geometria, um modo familiar de expressar o fato enunciado acima é não menos conveniente. Dizemos, portanto, que uma linha possui sempre dois pontos em comum com uma cônica, mas estes são ou distintos, ou coincidentes ou invisíveis. A palavra "imaginário" é geralmente usada no lugar de "invisível"; mas, como os pontos não tem nada a ver com imaginação, nós preferimos a palavra "invisível" recomendada originalmente por Clifford.[16]

O procedimento consiste, aqui, no acréscimo de objetos imaginários ou invisíveis às linhas e aos planos ordinários da geome-

cendo na extrema direita e reaparecendo na extrema esquerda depois de passar através de apenas uma única posição que se encontra fora da região accessível do plano."

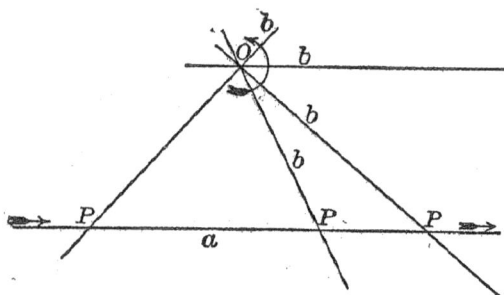

Para outro exemplo, remetemos o leitor ao Teorema Fundamental que mostra que a razão harmônica de quatro pontos quaisquer sobre uma linha é igual à razão harmônica de suas respectivas projeções sobre uma outra linha qualquer no mesmo plano. Veja-se a bela exposição de Courant e Robbins, 1941, p. 180.
[16]Henrici foi severamente criticado por Hastings Berkeley em 1921.

tria. Poncelet estava convicto que, raciocinando diretamente e de modo geométrico neste novo domínio, seria possível preservar todas as vantagens da geometria analítica, sem nenhuma das suas desvantagens. O apelo a esse universo geométrico "oculto", "invisível", daria conta, assim, de muitas propriedades dos entes geométricos visíveis que vivem, por assim dizer, no universo geométrico ordinário.

6.3.3. Cálculo Infinitesimal e Análise Não Standard

O evento mais importante na matemática do século XVII é a descoberta do cálculo infinitesimal. Esta disciplina matemática se articula em duas partes principais: o cálculo diferencial e o cálculo integral. Do ponto de vista geométrico, que ainda é o dominante no século XVII, estas duas partes correspondem à determinação de uma tangente para um ponto arbitrário de uma curva, e à determinação da área fechada entre um dos eixos e uma curva. Para nossos fins, será suficiente referir-se ao problema da tangente a uma curva. Antes da publicação em 1684 de "Nova Methodus" de Leibniz, que põe o fundamento do novo cálculo, este problema era somente resolvido em casos especiais ou para classes muito limitadas de curvas. As intuições que estão na base do novo algoritmo são duas (utilizo aqui a versão do cálculo leibniziano codificada no texto de L'Hôpital (1696); para maiores detalhes veja-se Mancosu 1996). A primeira consiste em considerar uma curva como um polígono com um número infinito de lados, cada um de comprimento infinitesimal. A segunda intuição consiste em tratar duas quantidades que diferem por uma quantidade infinitesimal como iguais. Veremos, em breve, como a solução ao problema das tangentes apela, essencialmente, à noção de infinito em dois pontos: em primeiro lugar, quando se postula que uma entidade geométrica, como uma curva, pode ser vista como uma coleção infinita de linhas pequeníssimas (infinitésimos); além disso, quando se sustenta que essas linhas pequeníssimas, os infinitesimais, têm a característica peculiar de não ter nem comprimento zero, nem comprimento finito.

Busquemos mostrar com um exemplo como essas duas intuições podem ser feitas operativas na solução a um problema de tangência. Considere-se, como curva, uma parábola dada pela equação $y = x^2$. Antes de tudo, estudemos como muda essa curva quando incrementamos x com um incremento infinitesimal denotado por dx. O vértice dessa parábola é $(0, 0)$. Para todo x, existe um y que satisfaz a equação da curva.

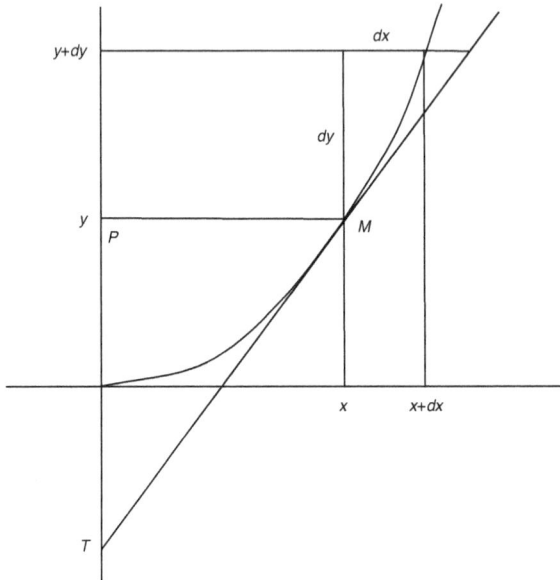

Consideremos, agora, o que ocorre quando passamos de x para $x + dx$. O valor y crescerá uma quantidade dy, enquanto que a relação que define a parábola é ainda satisfeita.

$$(y + dy) = (x + dx)^2$$

Aqui temos $(y + dy) = x^2 + 2xdx + dx^2$. Dado que $y = x^2$, por subtração obtemos:

$$dy = 2xdx + dx^2$$

Dividindo por dx ambos os termos da igualdade, obtemos $dy/dx = 2x + dx$. Dado que dx é infinitamente menor com respeito a $2x$, pelo segundo princípio fundamental do cálculo resulta:

(*) $dy/dx = 2x$

Essa é a dita equação diferencial para a parábola. Afirmar-se-ia hoje que, na solução do problema, com dy/dx dá-se o coeficiente angular da linha tangente a um ponto escolhido da curva. Porém, nos tempos de Leibniz, trabalhava-se de modo mais geométrico e o problema era resolvido com a construção explícita da linha tangente, ou, equivalentemente, com a construção da subtangente. Vejamos como. Aquilo que buscamos é uma solução geral ao problema: dado um ponto M sobre uma curva, determinar a linha tangente à curva naquele ponto. Determinar uma linha é equivalente a dar dois pontos pelos quais a linha deve passar, porquanto dois pontos, na geometria euclidiana, determinam exatamente uma única linha. Dado que um dos pontos, M, já é dado na formulação do problema, aquilo que resta fazer é determinar o ponto T de interseção entre o eixo y e a linha tangente (que deve ser também determinado). Os geômetras do século XVII reduzem esse problema ao problema equivalente de determinar a subtangente PT, e faremos também o mesmo, concentrando-nos no caso da parábola.

Como proceder? Consideremos o ponto M sobre a curva de abscissa x. Seja $x + dx$ o incremento diferencial de x. Assim, a x corresponde o ponto M sobre a curva (de ordenada y), e um outro ponto da curva corresponderá a $x + dx$ (de ordenada $y + dy$). Agora, utilizamos o princípio que nos permite considerar a parábola como um polígono de infinitos lados, e consideremos um triângulo retângulo com catetos de comprimento dx e dy, e cuja hipotenusa é identificada, pelo primeiro princípio do cálculo, com o arco da curva. Do ponto de vista da geometria euclidiana se poderia objetar que o arco de uma curva não é um segmento reto, e é justamente aqui que a intuição "infinitesimalista" joga um papel essencial. Resta determinar PT. Identificando a curva com um polígono de infinitos lados, podemos escrever:

(**) $PT = xdy/dx$

Agora utilizamos a equação diferencial para a parábola (*) $dy/dx = 2x$. Substituindo na equação (**) temos:

$$PT = 2x^2.$$

Mas, por definição da parábola $x^2 = y$, temos assim:

$$PT = 2y.$$

Em outros termos, para determinar o ponto T no eixo dos y correspondente ao ponto M da curva determinada por x, devemos, simplesmente, construir um segmento de comprimento $2y$ no eixo dos y. E isso vale para um ponto qualquer da curva.

A extensão do domínio geométrico euclidiano com a inclusão dos infinitesimais constitui um dos maiores problemas fundacionais da matemática do século XVII e dos séculos sucessivos (veja-se Mancosu 1996 para o debate na transição entre o século XVII e XVIII), com consequências importantes também para a matemática do século XX. Bem conhecida é a polêmica contra a nova análise sustentada pelo bispo Berkeley. Em Berkeley, a polêmica contra os infinitesimais está estreitamente vinculada à oposição visível/invisível. No *Analista* lemos:

> Conceber uma quantidade infinitamente pequena—isto é, infinitamente menor do que qualquer quantidade sensível ou imaginável ou do que qualquer magnitude finita—está, confesso, acima de minhas capacidades. (§6)

E falando do cálculo de fluxões (a versão newtoniana do cálculo infinitesimal), Berkeley critica a natureza não perceptível dos objetos postulados pelo analista: "the objects, at first fleeting and minute, soon vanishing out of sight" (§4).

A posição crítica de Berkeley origina-se de seu empirismo, que o leva a sustentar que há sensoriais mínimos (*minima sensibilia; minima visibilia*). De acordo com o famoso princípio *esse est percipi*, Berkeley chega à conclusão de que os infinitesimais não podem ser percebidos e, portanto, não existem, dado que estão, por definição, abaixo do limiar dos *minima invisibilia*. Nesse sentido, os infinitesimais são invisíveis e, assim, sempre por causa do 'esse est percipi', não podem ter realidade ontológica.

No caso de Berkeley, a oposição entre visível e invisível é muito clara e, em certo sentido, absoluta. Porém, há um outro modo de conceber a análise infinitesimal que relativiza a noção de visibilidade. Nesse caso, a metáfora dominante é a do microscópio. Assim como diferentes magnificações ao microscópio tornam visíveis novos aspectos da realidade, na análise infinitesimal podemos considerar os diferentes níveis infinitesimais (simples) como associados a diferentes níveis de visibilidade e de invisibilidade.

Não buscarei, aqui, reconstruir a história dessa metáfora e a sua conexão com o cálculo infinitesimal.[17] Ao invés disso, passo imediatamente à literatura contemporânea sobre análise *non standard* para mostrar a influência dessa metáfora, inclusive na produção da matemática contemporânea. A análise *non standard* é uma teoria do cálculo que admite o uso de infinitesimais, mas dentro de um contexto lógico que, diferentemente daquele contexto dos séculos XVII e XVIII, justifica rigorosamente a operação com infinitesimais. Essa justificação requer sofisticadas técnicas algébricas e conjuntistas (compacidade, ultraprodutos), mas, para nosso objetivo, não é necessário deter-nos nesse aspecto.

Na literatura contemporânea, creio ter sido Jerome Keisler aquele que introduziu a ideia do microscópio infinitesimal para falar da magnificação requerida para 'ver' os infinitesimais. Além disso, ele também introduziu a ideia do telescópio infinito. Em

---

[17]A metáfora do microscópio em conexão com o cálculo infinitesimal se encontra já em Johan Bernoulli na sua Aula Inaugural proferida em Groningen em 1695: "Nosso discurso termina com uma maravilha não menos notável posta diante de nossos olhos pela matemática. Que nosso espírito examine mais de perto objetos muito pequenos, a saber, as coisas invisíveis que um microscópio revela em dezenas de milhares. Cada uma delas possui suas partes diminutas que são incomparavelmente menores ainda. Afinal, elas também possuem corações e válvulas cardíacas, veias e artérias com muitas ramificações, que, elas mesmas, se ramificam, se separam e se dividem em outras ainda menores. O espírito, eu digo, examina o sangue nestas ramificações, os humores neste sangue, as gotículas nestes humores, os vapores nestas gotículas, e o ar vaporoso nestes vapores. Ele divide estas partículas ainda mais, até que seus poderes imaginativos são exauridos. É esta minúscula substância o objeto final de nossa análise? Ele talvez crê ter alcançado o menor absoluto. A geometria, entretanto, abre novos abismos e mostra claramente que esta partícula inimaginável pode seguir sendo dividida infinitamente, mesmo se nossas imaginações travassem completamente. Consequentemente, isto demonstra que as medidas e relações neste mundo minúsculo são tão refinadas, notáveis e completas em sua incrível pequenez quanto o mundo no qual respiramos, em sua atordoante grandeza. Da mesma forma, outras partículas são formadas a partir desta nova partícula, que novamente são, elas mesmas, construídas de novas partículas, e isto continua indefinidamente, o que é prova mais do que suficiente que a onipotência de Deus na menor das coisas é inexaurível e infinita."(Johann Bernoulli, In Laudem Matheseos, 1695; Citato da Sierksma e Sierksma 1999) Veja-se também C. J. Kaiser: "observando o miúdo e elusivo com o poderoso microscópio de sua Análise Infinitesimal; observando o elusivo e vasto com o telescópio ilimitado de seu Cálculo do Infinito". (1907, p. 26); e também Tall 1980.

seu livro texto de 1976, ele utiliza esses conceitos para mostrar qual é a estrutura do contínuo *non standard*. Pode-se pensar o contínuo *non standard* (conhecido também pelo nome de linha hiperreal) como uma extensão dos números reais por meio do acréscimo de elementos que são diferentes de zero e, todavia, menores do que qualquer quantidade finita. Se denotamos um tal elemento por ϵ, $1/\epsilon$ será um elemento infinito, isto é, maior do que qualquer número finito. As mesmas leis algébricas se aplicam seja aos números reais standard, seja às novas entidades. Enquanto que ϵ é tão pequeno que um microscópio infinitesimal é necessário para observá-lo, $1/\epsilon$ é tão grande que somente um telescópio infinito permite percebê-lo. Consideremos a e b sobre a linha hiperreal. Dizemos que a é infinitamente vizinho de b se a-b é infinitesimal. Eis o diagrama com o qual Keisler ilustra a linha hiperreal:

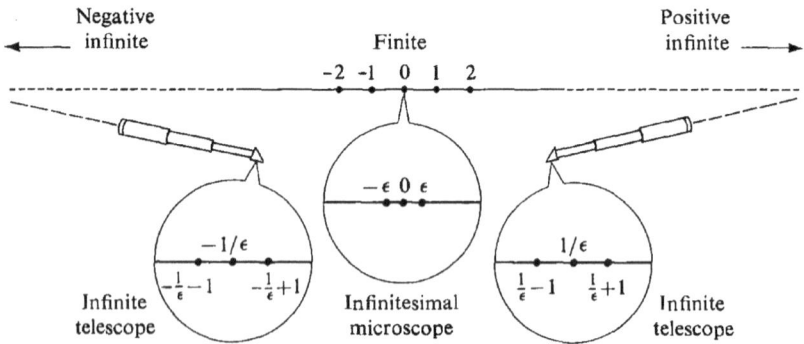

O diagrama seguinte mostra uma dupla magnificação:

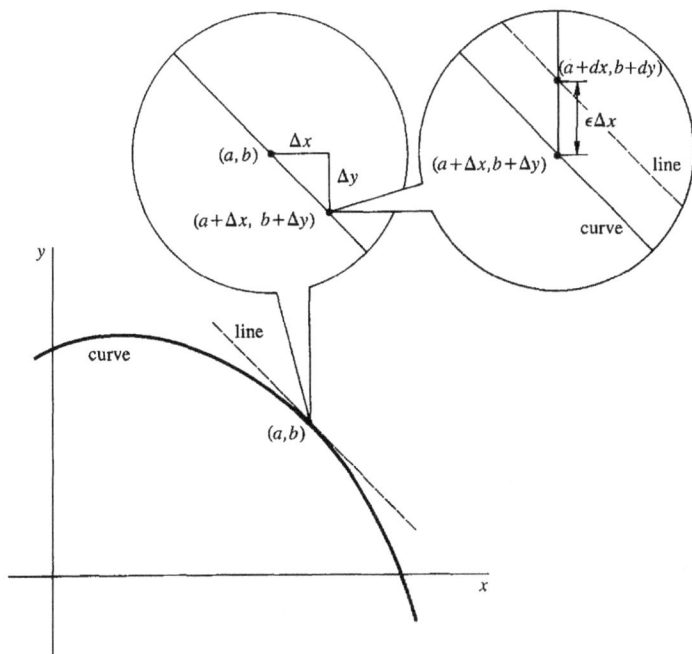

A apresentação mais explícita da análise *non standard* em termos de visível/invisível encontra-se em um artigo recente de O'Donovan e Kimber:

> Se a é infinitamente menor do que b, diz-se que a é "invisível" na escala de b. "A parte visível de a" é usada como um enunciado informal para a parte padrão de a. "A parte visível de a na δ-escala" é o que resta após descartar todos os termos aditivos infinitamente menores do que δ: isto é, é o que seria a parte padrão depois da divisão por δ. Cancelamento é feito tradicionalmente riscando. Invisibilidade é indicada por colchetes.
>
> $$2 + 4\delta + [\delta^2]$$
>
> Invisível na δ-escala
>
> $$2 + [4\delta + \delta^2]$$
>
> Invisível na escala padrão.
>
> A definição de uma parte padrão é introduzida posteriormente. As palavras "visível" e "invisível" parecem ser metáforas completamente operacionais. (p. 5)

Concluindo, pode-se perguntar o que se consegue ao postular essas entidades fantasmas (imaginários em geometria projetiva, infinitesimais no cálculo, etc.). A resposta é que, com essas extensões, se busca obter uma explicação e uma visão unificada da realidade matemática. Essa situação é paralela à aquela encontrada no estudo da física e na postulação de entidades fantasmas na física. Em filosofia da ciência, isso levou ao debate entre realistas e instrumentalistas. Os realistas, como Redhead, empenham-se na existência do mundo invisível. Os instrumentalistas limitam a ciência à descoberta da regularidade entre entidades observáveis, e interpretam as teorias científicas como instrumentos para descrever a regularidade em questão sem, por isso, empenhar-se ontologicamente a respeito da existência de possíveis entidades que corresponderiam aos termos teóricos (não observáveis) da linguagem.

Os dois casos por nós estudados na matemática, geometria projetiva e cálculo infinitesimal, representam situações análogas àquelas brevemente descritas em conexão com o debate em filosofia da ciência. Também em filosofia da matemática é possível falar em instrumentalismo, realismo, etc., e as perguntas fundamentais às quais se deve responder nos casos estudados são: como justificamos essas extensões com o uso de elementos ideais ('invisíveis')? Qual é o seu estatuto epistemológico? Que tipo de raciocínio e forma de explicação são introduzidas pelo uso desses novos elementos? E, assim, também, essa segunda perspectiva sobre o invisível na matemática leva à reformulação de alguns dos problemas mais debatidos da filosofia da matemática.

6.4. Agradecimentos

Gostaria de agradecer Andrea Albrecht, Abel Lassalle Casanave, Vincenzo de Risi, Moritz Epple, Marcus Giaquinto, Susanna Marietti, Marco Panza, Tom Ryckman, Jamie Tappenden, e Mark Wilson pelas suas estimulantes conversações e auxílio bibliográfico.

6.5. Referências Bibliográficas

Allwein, Gerard e Barwise, Jon (eds.). 1996. *Logical Reasoning with Diagrams*. New York: Oxford University Press.

Avigad, Jeremy, Dean, Edward, e Mumma, John. 2009. "A formal system for Euclid's Elements." *Review of Symbolic Logic* 2:700–68.

Barwise, Jon e Etchemendy, John. 1996. "Visual information and Valid Reasoning." In Allwein e Barwise (1996), 3–25.

Berkeley, George. 1948–1957. *The Works of George Berkeley, Bishop of Cloyne*. A. A. Luce and T. E. Jessop (eds.), London: Thomas Nelson and Sons. 9 vols.

—. 1976. *Philosophical Commentaries*. A. A. Luce (ed.), Ohio: Mount Union College. Reimpresso por Garland em 1989.

—. 1992. *"De Motu" and "The Analyst": A modern edition with Introductions and Commentaries*. D. Jesseph (ed.), Dordrecht: Kluwer.

—. 2008a. *Obras Filosóficas*. Jaimir Conte, tradução, apresentação e notas. São Paulo: Editora Unesp.

—. 2008b. "Tratado sobre os Princípios do Conhecimento Humano." In Berkeley (2008a), 27–166.

—. 2008c. "Comentários Filosóficos." In Berkeley (2008a), 397–530.

Berkeley, Hastings. 1910. *Mysticism in Modern Mathematics*. Oxford: Horace Hart.

Bernoulli, Johann. 1695. *In Laudatório inédito*. Laudem Matheseos. Citada por Sierksma e Sierksma 1999.

Brown, James. 1997. "Proofs and Pictures." *British Journal for Philosophy of Science* 48:161–80.

—. 1999. *Philosophy of Mathematics. An introduction to the world of proofs and pictures*. London: Routledge. Segunda edição de 2007.

Cassirer, Ernst. 1922. *Das Erkenntnisproblem in der Philosophie und Wissenschaft der neueren Zeit*. Berlin: B. Cassirer. Terceira edição. Reimpresso em 1994 pela Wissenschaftliche Buchgesellschaft.

Cayley, Arthur. 1896. "Presidential address (1883)." In Andrew Forsyth (ed.), *The Collected Mathematical Papers of Arthur Cayley. Volume 11*, 429–59. Cambridge: Cambridge University Press.

Clifford, William. 1882. "Synthetic proof of Miquel's theorem." In Henry Smith (ed.), *Mathematical Papers*, 38–55. London: Macmillan.

Coolidge, Julian. 1921. *The Geometry of the Complex Domain*. Oxford: The Clarendon Press.

Coulter, Dale. 2006. *Per Visibilia ad Invisibilia. Theological Method in Richard of St. Victor (d. 1173)*. Turnhout: Brepols.

Courant, Richard e Robbins, Herbert. 1941. *What is Mathematics?* New York: Oxford University Press.

Csornyei, M. 2000. "On the visibility of invisible sets." *Annales Academiae Scientiarum Fennicae, Mathematica* 25:417–21.

De Risi, Vincenzo. 2007. *Geometry and Monadology. Leibniz's Analysis Situs and Philosophy of Space*. Basel: Birkhäuser.

Dipert, Randall. 1996. "Reflections on iconicity, prepresentation and resemblance: Peirce's theory of signs, Goodman on resemblance, and modern philosophies of mind and language." *Synthese* 106:373–97.

Eco, Umberto. 1976. *A Theory of Semiotics*. Bloomington: Indiana University Press.

Giaquinto, Marcus. 1992. "Diagrams: Socrates and Meno's Slave." *International Journal of Philosophical Studies* 1:81–97.

—. 2007. *Visual Thinking in Mathematics*. Oxford: Oxford University Press.

Goodman, Nelson. 1968. *Languages of Art*. Indianapolis: Hackett. Segunda edição de 1976.

Hammer, Eric. 1995. *Logic and Visual Information*. Stanford: CSLI Publications.

Hammer, Eric e Shin, Sun-Joo. 2003. "Diagrams." *Stanford Encyclopedia of Philosophy* Edward N. Zalta (ed.), URL = https://plato.stanford.edu/entries/diagrams/.

Henrici, Olaus. 1911. "Projection." In *Encyclopedia Britannica*. 11th edition.

Herzog, Fritz e Stewart, B. M. 1971. "Patterns of visible and nonvisible lattice points." *The American Mathematical Monthly* 78:487–96.

Holgate, Thomas. 1955. "Modern Pure Geometry." In J. W. A. Young (ed.), *Monographs on the Topic of Modern Mathematics*. Mineola: Dover. Reimpressão da edição de 1911, pp. 53–89.

Jesseph, Douglas. 1993. *Berkeley's Philosophy of Mathematics*. Chicago: The University of Chicago Press.

Johnson-Laird, P. N. 2006. "Models and heterogeneous reasoning." *Journal of Experimental & Theoretical Artificial Intelligence* 18(2):121–48.

Kaiser, C. J. 1907. *Mathematics*. New York: Columbia University Press.

Keisler, Jerome. 2000. *Elementary Calculus. An Infinitesimal Approach*. Segunda edição revista em 2007, disponível on line.

Klein, Felix. 1979. *Vorlesungen über die Entwicklung der Mathematik im 19. Jahrhundert*. Berlin: Springer.

Kranakis, Evangelos. 1982. "Invisible Ordinals and Inductive Definitions." *Archiv für mathematische Logik* 28:137–158.

Leibniz, Gottfried Wilhelm. 1960–1. *Die philosophischen Schriften*. Herausgegeben von C. I. Gerhardt, Berlin 1875–1890. Hildesheim: Olms. Citado como GP.

—. 1967. *Philosophical Papers and Letters*. L. Loemker (ed.), Dordrecht: Kluwer. Segunda edição de 1975.

Macbeth, Danielle. 2010. "Diagrammatic Reasoning in Euclid's Elements." In Bart Van Kerkhove, Jonas De Vuyst, e Jean Paul Van Bendegem (eds.), *Philosophical Perspectives on Mathematical Practice*, 235–67. London: College Publications. In: *Texts in Philosophy*, vol. 12.

Mancosu, Paolo. 1996. *Philosophy of Mathematics and Mathematical Practice in the Seventeenth Century*. Oxford: Oxford University Press.

—. 2005. "Visualization in logic and mathematics." In Paolo Mancosu et al. (ed.), *Visualization, Explanation and Reasoning Styles in Mathematics*, 13–30. Dordrecht: Springer.

Manders, Kenneth. 2008. "The Euclidian Diagram." In Paolo Mancosu (ed.), *The Philosophy of Mathematical Practice*, 80–133. Oxford: Oxford University Press.

Manning, Henry. 1921. *The Fourth Dimension Simply Explained*. New York: Scientific American Publications.

Marietti, Susanna. 2001. *Icona e diagramma. Il segno matematico in Charles Sanders Peirce*. Milano: LED Edizioni Universitarie.

Mikhailov, Roman. 2000. "On invisible subgroups." *Communications of the Moscow Mathematical Society* 57:1232–3.

Miller, Nathaniel. 2007. *Euclid and his Twentieth Century Rivals: Diagrams in the Logic of Euclidean Geometry*. Stanford: CSLI Publications.

Mumma, John. 2006a. *Intuition formalized: ancient and modern methods of proof in elementary geometry*. Ph.D. thesis, Carnegie Mellon University.

—. 2006b. "Ensuring Generality in Euclid's Diagrammatic Arguments." In *Lecture Notes in Artificial Intelligence; Proceedings of the 5th international conference on Diagrammatic Representation and Inference*, 222–35. Berlin: Springer.

—. 2010. "Proofs, Pictures, and Euclid." *Synthese* 175(2):255–87.

Norman, Jesse. 2006. *After Euclid. Visual Reasoning and the Epistemology of Diagrams*. Stanford: CSLI Publications.

O'Donovan, Richard e Kimber, John. 2006. "Non standard analysis at pre-university level -Naïve magnitude analysis-." Disponível on line.

Panza, Marco. 2012. "The twofold role of diagram in Euclid's plane geometry." *Synthese* 186:55–102. Número especial: Diagrams in Mathematics: History and Philosophy.

Peirce, Charles Sanders. 1999. *The Essential Peirce*. Editado por Peirce Edition Project, vol. II. Bloomington: Indiana University Press.

Platão. 1997. *A República*. São Paulo: Nova Cultural (Os Pensadores).

—. 2008. *Carta VII*. Trad. José Trindade dos Santos e Juvino Maia Jr. Rio de Janeiro: Ed. Loyola.

Platone. 1971. *Opere Complete*. Bari: Editori Laterza.

Poncelet, Jean Victor. 1822. *Traité de propriétés projectives des figures*. Paris: Gauthier-Villars.

Proclo. 1978. *Commento al primo libro degli Elementi di Euclide*. Pisa: Giardini. Introduzione, traduzione e note a cura di Maria Timpanaro Cardini.

Proclus. 2003. *Commentaire sur la Republique*. Paris: Vrin.

Redhead, Michael. 2002. "The Unseen World." LSE Centre for Philosophy of Natural and Social Science, Discussion Paper Series, DP 61/02, disponível on line.

Rowe, David. 1997. "In search of Steiner's ghosts: imaginary elements in nineteenth-century geometry." In D. Flament (ed.), *Le nombre, une hydre à n visages. Entre nombres complexes et vecteurs*, 193–208. Paris: Editions de la Maison des sciences de l'homme.

Russell, John Wellesley. 1893. *An Elementary Treatise on Pure Geometry*. Oxford: Clarendon Press.

Shin, Sun-Joo. 1996. *The Logical Status of Diagrams*. Cambridge: Cambridge University Press.

—. 2002. *The Iconic Logic of Peirce's Graphs*. Cambridge: MIT Press.

Sierksma, Gerard e Sierksma, Wybe. 1999. "The great leap to the infinitely small. Johann Bernoulli: mathematician and philosopher." *Annals of Science* 56:433–49.

Swoyer, Chris. 1995. "Leibnizian expression." *Journal of the History of Philosophy* 33:65–99.

Tall, David. 1980. "Looking at Graphs through Infinitesimal Microscopes, Windows and Telescopes." *The Mathematical Gazette* 64(427):22–49.

Explicação Matemática: Porque Ela Interessa?

O tópico da explicação matemática tem sido recentemente assunto de muito interesse. Embora assinalarei abaixo que a atenção à explicação matemática vem dos gregos, o recente renascimento na filosofia analítica é uma bem-vinda adição à filosofia da matemática. Neste ensaio, tenho dois objetivos. Em primeiro lugar, fornecerei um panorama da literatura sobre explicação matemática e de como as diferentes contribuições na área estão conectadas. Em segundo lugar, gostaria de mostrar que a explicação matemática é um tópico que tem ramificações muito profundas para várias áreas da filosofia, incluindo, além da filosofia da matemática, a epistemologia, a metafísica e a filosofia da ciência.

Comecemos clarificando dois significados possíveis de explicação matemática. No primeiro sentido, 'explicação matemática' se refere às explicações nas ciências naturais e sociais, onde variados fatos matemáticos desempenham um papel essencial na explicação fornecida. O segundo sentido é aquele da explicação dentro da própria matemática.

7.1. Explicações Matemáticas de Fatos Científicos

O primeiro sentido é bem ilustrado pelo seguinte exemplo tomado de um artigo recente de Peter Lipton:

> Também parece haver explicações físicas que são não causais. Suponha que um punhado de varetas seja jogado no ar, girando de modo que as varetas rodopiem e quiquem à medida que caem.

Congelamos a cena quando as varetas estão em queda livre e de-
scobrimos que a maioria delas está em uma posição mais próxima
da horizontal do que da posição vertical. Por quê? A razão é que,
para uma vareta, existem mais maneiras nas quais ela pode estar
em uma posição mais próxima da posição horizontal do que da
posição vertical. Para entender isso, considere uma única vareta
em uma posição com o ponto médio fixo. Existem muitos modos
nos quais esta vareta poderia estar na horizontal (girando no plano
horizontal), mas existem somente dois modos nos quais poderia
estar na vertical (ou para cima, ou para baixo). Esta assimetria
vale também para posições próximas da horizontal e da vertical,
como podemos perceber se pensarmos na concha traçada pelas
varetas à medida que tomam todas as orientações possíveis. Esta
é uma bela explicação para a distribuição física das varetas, mas
o que faz as vezes de explicação são fatos claramente geométricos
que não podem ser causas (Lipton, 2004:9–10).

Nesse sentido, a explicação matemática é explicação da ciência
natural levada a cabo apelando essencialmente a fatos matemáticos. Segue-se, imediatamente à citação, que um dos principais
desafios filosóficos postos pelas explicações matemáticas de fenômenos físicos é que eles parecem ser contraexemplos à teoria
causal da explicação. A existência de explicações matemáticas
de fenômenos naturais é amplamente reconhecida na literatura
(Nerlich, 1979; Batterman, 2001; Colyvan, 2001). Entretanto, até
recentemente, muita pouca atenção havia sido devotada a elas.
Dar conta de tais explicações não é uma tarefa fácil, pois requer
uma explanação sobre como fatos geométricos 'representam' ou
'modelam' a situação física discutida. Em poucas palavras, articular como explicações matemáticas funcionam na ciência requer
dar conta de como a matemática se conecta com a realidade, isto
é, dar conta da aplicabilidade da matemática à realidade (veja
Shapiro, 2000:35; cf. p. 217). Isso abre a caixa de pandora de
modelos, idealizações etc.

Na literatura analítica, uma primeira tentativa de fornecer uma
concepção de explicação matemática de fenômenos empíricos foi
realizada por Steiner (1978b). A teoria de Steiner das explicações
matemáticas nas ciências toma como base sua teoria da explicação na matemática (veja abaixo), e não era suportada por uma
análise detalhada de estudo de casos. A ideia central da concepção de Steiner é que uma explicação matemática de um fato

físico é uma na qual, quando removemos a física, o que resta é uma explicação matemática de um fato matemático. Ele discutiu um único exemplo, o resultado de acordo com o qual 'o deslocamento de um corpo rígido sobre um ponto fixo sempre pode ser obtido rotando o corpo até certo ângulo sobre um eixo fixo'. A discussão de Steiner era uma contribuição acerca de uma preocupação mais ampla sobre se poderíamos usar a existência de tais explicações para inferir a existência das entidades mencionadas no componente matemático da explicação. Sua resposta era negativa, baseada na alegação de que o que necessitava de explicação não poderia nem mesmo ser descrito sem o uso da linguagem matemática. Assim, a existência de explicações matemáticas de fenômenos empíricos não poderia ser usada para inferir a existência de entidades matemáticas, pois sua própria existência era pressuposta na descrição do fato a ser explicado. Com efeito, ele subscrevia a linha de argumentação que se originava de Quine e Goodman de acordo com a qual 'não podemos dizer como seria o mundo sem números, pois a descrição de qualquer coisa pensável (a não ser uma absoluta vacuidade) pressupõe sua existência' (1978b:20). Tal raciocínio, contudo, pode ser bloqueado argumentando que o enunciado verdadeiro 'existem duas vacas no campo' não compromete o falante com a existência do número dois, pois a aparente referência ao número pode ser substituída usando a eliminação padrão de termos numéricos através de quantificações existenciais. É claro, isto não significa que em enunciados físicos mais complicados a situação não se encontre de acordo com a caracterização dada por Quine e Goodman.

Independentemente de concordarmos ou não com Steiner sobre as muitas questões levantadas por sua posição, é importante salientar que sua concepção possuía o mérito de abordar o problema sobre quando a matemática desempenha um papel 'essencialmente' explicativo na explicação de um fenômeno natural e de quando ela não desempenha tal papel. A questão ressurgiu em Baker (2005), onde Steiner (1978b), entretanto, não é mencionado. Baker propõe uma nova versão do argumento de indispensabilidade, na qual explicações matemáticas desempenham um papel central. Existem muitas versões do argumento de indispensabilidade, mas a estratégia geral é a seguinte: A matemática é indispensável para a nossa melhor ciência. Devemos acreditar em nossas melhores teorias científicas e, portanto, devemos aceitar os tipos de entidades sobre as quais quantificam nossas melhores teorias. Existem vários modos de questionar esta linha de argumentação, mas a característica central relacionada com a discussão de Baker é a seguinte. Muitas versões do argumento se baseiam em uma concepção holística das teorias científicas, de acordo com a qual o compromisso ontológico é determinado usando todas as sentenças existencialmente quantificadas implicadas pela teoria. Não é dada nenhuma atenção particular para uma análise de como diferentes componentes da teoria poderiam ser responsáveis por diferentes postulações e para os papéis que diferentes postulações poderiam desempenhar. Baker propõe uma versão do argumento de indispensabilidade que não depende do holismo. Sua contribuição toma como ponto de partida um debate entre Colyvan (2001, 2002) e Melia (2000, 2002), no qual ambos os autores concordaram que os prospectos para um uso platonista bem-sucedido do argumento de indispensabilidade se fundamentam em exemplos da prática científica, na qual a postulação de objetos matemáticos resulta em um acréscimo daquelas virtudes teóricas que são fornecidas pela postulação de entidades teóricas. Ambos os autores concordam que entre tais virtudes teóricas se encontra o poder explicativo. Baker crê que tais explicações existem, mas também argumenta que os casos apresentados por Colyvan (2001) não são casos genuínos de explicações matemáticas de fenômenos físicos. A maior parte do artigo é devotada a um estudo de caso específico da biologia evolucionista e diz respeito ao ciclo de vida da assim chamada cigarra 'periódica'. Ocorre que três espécies de tais cigarras 'compartilham o mesmo ciclo de vida pouco usual. Em cada espécie o estágio larval permanece no solo por um longo período, então a cigarra adulta emerge após 13 ou 17 anos dependendo da área geográfica. Ainda mais notável, essa emergência é sincronizada entre os membros da espécie das cigarras em uma dada área. Os adultos todos emergirão nos mesmos poucos dias, copularão e morrerão umas poucas semanas depois e, então, o ciclo se repete' (2005:229). Os biólogos levantaram muitas questões sobre este ciclo de vida, mas uma delas em particular diz respeito a porque os períodos de ciclo de vida são primos. Baker procede então a uma reconstrução da explicação deste fato para concluir que:

> A explicação faz uso de fatos ecológicos específicos, leis biológicas gerais e resultados de teoria de números. Minha tese é que o componente puramente matemático [períodos primos minimizam intersecção (comparados com períodos não primos)] é essencial para a explicação como um todo e também é genuinamente explicativo por si próprio. Em particular, ele explica *porque* períodos primos são vantajosos do ponto de vista evolutivo neste caso (Baker, 2005:233).

De fato, não é possível nesta breve introdução nem mesmo resumir a explicação reconstruída e o argumento adicional trazido em suporte da alegação de que esta é uma explicação genuinamente matemática. Antes, resumiremos como tais explicações fornecem uma nova perspectiva para os argumentos de indispensabilidade. O argumento agora corre como se segue:

(a) Existem explicações genuinamente matemáticas de fenômenos empíricos;

(b) Devemos nos comprometer com as entidades teóricas postuladas por tais explicações; assim,

(c) Devemos nos comprometer com as entidades postuladas pela matemática em questão.

O argumento não passou sem ser questionado. Com efeito, Leng (2005) tenta resistir à conclusão, bloqueando a premissa (b). Embora aceite (a), ela questiona a afirmação de que o papel desempenhado pela matemática em tais explicações nos compromete com a existência real (contraposta à existência ficcional) das entidades postuladas. Isso, ela argumenta, será concedido quando compreendermos que tanto Colyvan quanto Baker inferem ilegitimamente, da existência da explicação matemática, que os enunciados fundamentando a explicação são verdadeiros. Ela afirma que explicações matemáticas não precisam ter *explanans* verdadeiros, e, consequentemente, os objetos postulados por tais explicações não precisam existir.

Explicações matemáticas de fatos empíricos não têm sido suficientemente estudadas. Necessitamos de estudos de casos detalhados para entender melhor a variedade de usos explicativos que a matemática pode desempenhar em contextos empíricos. As recompensas filosóficas podem vir de, ao menos, três direções diferentes. Em primeiro lugar, na direção de um melhor entendimento da aplicabilidade da matemática ao mundo. Com efeito, a compreensão da 'efetividade inexplicável' da matemática em descobrir e dar conta das leis do mundo físico (Wigner, Steiner) somente pode ser alcançada se entendermos como a matemática ajuda na explicação científica. Em segundo lugar, o estudo da explicação matemática de fatos científicos servirá como um teste para teorias da explicação científica, em particular, para aquelas que assumem que explicação é explicação causal. Um começo promissor encontra-se em Batterman, através de um exame do que ele chama de explicação assintótica (Batterman, 2001, cap. 4). Tais explicações 'iluminam aspectos estruturalmente estáveis de um fenômeno e as equações que os governam' (p. 59) usando manipulações matemáticas altamente sofisticadas. Em terceiro lugar, poderão emergir benefícios filosóficos na arena metafísica, através de uma melhor exploração das várias formas de argumento de indispensabilidade. Se algum argumento obterá sucesso, é algo que ainda não sabemos, mas a discussão produzirá benefícios filosóficos ao forçar, por exemplo, o nominalista a dizer como ele dá conta do caráter explicativo da matemática nas ciências empíricas.

7.2. De Explicações Matemáticas de Fatos Científicos para Explicações Matemáticas de Fatos Matemáticos

Uma vez que estávamos discutindo argumentos de indispensabilidade, partirei deles. Em uma interessante nota para seu artigo, Leng afirma:

> Dada a forma do argumento de Baker e Colyvan, poderíamos nos perguntar por que são as explicações físicas de fenômenos matemáticos que possuem prioridade. Pois se existissem, como

> temos sugerido, algumas explicações matemáticas genuínas [de fatos matemáticos], então estas explicações devem ter *explanans* verdadeiros. A razão pela qual este argumento não pode ser usado é que, no contexto de um argumento pelo realismo sobre a matemática, ele é uma petição de princípio. Pois também assumimos aqui que explicações genuínas devem ter um *explanandum* verdadeiro, e quando o *explanandum* é matemático, sua verdade também estará em questão (2005:174).

Este comentário reflete o uso geral que tem sido feito dos argumentos de indispensabilidade. O principal objetivo é fornecer um argumento para o platonismo na matemática, mas nenhuma atenção é dada verdadeiramente aos diferentes tipos de entidades matemáticas que estamos postulando. Deste ponto de vista, a existência de números naturais está a par com a existência de um cardinal de Mahlo ou de uma variedade diferençável. É razoável, entretanto, perguntar se explicações matemáticas podem ser usadas não como argumentos para o realismo em matemática *tout court*, mas, antes, como argumentos específicos para um realismo sobre certas entidades matemáticas.[1] Estou interessado em articular um possível paralelo entre usos da indispensabilidade da matemática na ciência como descrito por Baker e Colyvan, e o caso da matemática. Talvez o melhor argumento que possamos ter aqui é um vislumbrado em Feferman (1964). Discutindo a afirmação de Gödel de que a postulação dos conjuntos cantorianos era tão justificada quanto aquela dos corpos físicos para se obter uma teoria satisfatória das percepções sensíveis, Feferman alegou que o desenvolvimento da matemática fortemente suporta a seguinte interpretação do argumento:

> Abstração e generalização são, constantemente, perseguidas como meios de obter explicações realmente satisfatórias que dão conta de resultados individuais dispersos. Em particular, extensivos desenvolvimentos em álgebra e análise parecem necessários para dar um verdadeiro insight no comportamento dos números naturais. Deste modo, somos capazes de obter certos resultados, cujas

---

[1]Esta é uma questão diferente, embora relacionada, à questão da objetividade discutida por Leng (2005:172–173). Ela discute, seguindo Waismann e Steiner, um exemplo sobre como a explicação de um fato conhecido sobre números reais pode ser usado para 'suportar a não arbitrariedade de nossa extensão do sistema numérico para números complexos' (p. 172) ou de nossas 'representações de números complexos' (p. 173). Porém, a questão aqui não é aquela do realismo sobre objetos matemáticos.

instâncias podem ser finitisticamente checadas, somente através
de um atalho via objetos (tais como ideais, funções analíticas) que
são muito mais 'abstratos' do que aqueles com os quais estamos,
no final das contas, concernidos. O argumento é menos vigoroso
quando lido, como justificando algumas concepções e suposições
particulares, a saber, aquelas da teoria de conjuntos impredicativa,
como formalmente necessária para inferir os dados aritméticos da
matemática. É bem conhecido que vários argumentos algébricos
e analíticos podem ser reformulados sistematicamente em uma
forma que pode ser subsumida sob a teoria de números (elementar) de primeira ordem (Feferman, 1964:3).[2]

Feferman parece pensar que uma forma persuasiva do argumento gödeliano formula-se da seguinte forma:

1. Existem resultados dispersos em um ramo da matemática (o
   dado, estes poderiam ser proposições finitisticamente verificáveis sobre números naturais) que necessitam de explicação.

2. Tal explicação é obtida apelando para entidades mais abstratas (digamos, ideais e funções analíticas).

3. Temos, assim, uma boa razão para postular tais entidades
   abstratas e para acreditar em sua existência.

Se isto é correto, temos algo na vizinhança de um argumento
de indispensabilidade. Em "Platonism", Dummett rejeita um
argumento similar com base no fato de que 'números reais e ordinais não agem uns sobre os outros ou sobre qualquer outra
coisa; assim, não há nada que fica sem explicação se supomos
que eles não existem' (Dummett, 1978:204). Porém, é evidente
que tal rejeição é baseada na suposição questionável de que toda
explicação deve ser causal. O argumento apresentado acima,
com efeito, não impressionaria um predicativista (pois a explicação em questão seria uma derivação que utiliza instrumentos

---

[2]O trabalho de Feferman mostrava que a análise predicativa poderia não ser formalmente suficiente para obter todas as consequências aritméticas da matemática impredicativa. Entretanto, ele também alegava até recentemente que a matemática predicativa
era suficiente para provar todas as consequências aritméticas de interesse matemático.
Ele agora concorda que certos resultados matemáticos (tais como a forma modificada
do teorema finito de Kruskal (FTK*; veja Feferman, 2004; e Hellman, 2004), que não
podem ser provados predicativamente, são de interesse matemático.

que não são acessíveis para o predicativista). Entretanto, bem como os argumentos de indispensabilidade padrões se dirigem àqueles que são realistas sobre entidades teóricas na ciência, a audiência pretendida para o argumento consistiria daqueles que são realistas sobre certo âmbito de entidades matemáticas (digamos, os números naturais) e, além disso, não estão já comprometidos com uma posição fundacional (tal como o predicativismo) que o proíbe de considerar as entidades que são postuladas pela explicação. Reconstruído deste modo, o argumento é útil ao fornecer bases racionais para a aceitação das entidades matemáticas, às quais se apela na explicação. Sua força se torna evidente quando consideramos que o argumento segue valendo mesmo no caso de se mostrar que as entidades em questão são, em princípio, elimináveis, com base no fato de que o resultado explicado é derivável em um sistema mais estrito (como no caso onde temos uma teoria T' que é uma extensão conservativa de T). Contudo, se esta derivação resulta em uma perda de poder explicativo, então ainda temos boas razões para acreditar nas entidades em questão. Isto, de fato, nos deixa com a questão de quando uma derivação é explicativa. E isto corre em paralelo com a situação que discutimos acerca das explicações matemáticas de fenômenos físicos. Deveria assinalar, contudo, que não estou endossando o argumento de indispensabilidade para a matemática que estive considerando, mas sim que o considero interessante.

A forma original do argumento de indispensabilidade confiava em uma forma de holismo confirmacional. Isso deixava o argumento aberto à objeção, trazida vigorosamente por Maddy, de que a prática científica procede de outro modo, ou a objeção de que outras concepções de confirmação bloqueiam a conclusão (Sober, 1993). Em resposta, defensores como Colyvan e Baker argumentaram que considerações explicativas levam ao platonismo mesmo se deixarmos de lado o holismo confirmacional. No entanto, como assinalei, ninguém realmente possui uma boa concepção de explicações matemáticas de fenômenos físicos.

Além de ser de interesse independente, a passagem para explicações matemáticas de fatos matemáticos é justificada também pelas duas considerações seguintes. Em primeiro lugar, é concebível que, qualquer que seja a concepção que terminaremos fornecendo de explicações matemáticas de fenômenos científicos, ela não será completamente independente da explicação matemática de fatos matemáticos (com efeito, para Steiner, é a primeira que é explicada em termos da última). Em segundo lugar, as vicissitudes acerca do holismo contadas acima possuem seu análogo nos recentes desenvolvimentos na filosofia da matemática. Quine originalmente usou o argumento de indispensabilidade para defender que deveríamos acreditar em conjuntos, pois fazem melhor o trabalho de rastrear todos os nossos compromissos com objetos abstratos. Para Quine, o apelo à ciência empírica era essencial. O realismo de Maddy deixa de lado a conexão com a ciência empírica e tenta obter as mesmas conclusões apenas focando na matemática pura. No capítulo 4 de Maddy (1990), encontramos uma extensa discussão das virtudes teóricas, incluindo as explicativas, que desempenham um papel nas justificações 'extrínsecas' para o axioma de escolha em teoria dos conjuntos. Entretanto, o problema da explicação matemática não é singularizado, mas sim tratado no mesmo nível de outras virtudes teóricas (consequências verificáveis, métodos poderosos de solução, simplificação e sistematização, fortes conexões interteóricas etc.). Embora a própria Maddy abandone o tratamento em favor do 'naturalismo' (veja Maddy, 1997), a explicação matemática ainda pode desempenhar um papel importante neste debate. Para aqueles que acreditam que seu realismo pode ser revivido, talvez o atalho através de argumentos de indispensabilidade que apelam para explicações matemáticas poderia fornecer um tipo mais persuasivo de argumento do que as outras variedades de justificações 'extrínsecas' mencionadas no livro de 1990. Além disso, aqueles que são persuadidos pela abordagem naturalista de seu último livro, como uma questão de fato, receberão bem investigações sobre explicação matemática na medida em que elas são parte e parcela do tipo de trabalho que o metodologista na área deve levar a cabo. Assim, ambas as opções pedem por uma concepção das explicações matemáticas de fatos matemáticos.

7.3. Explicações Matemáticas de Fatos Matemáticos

A história da filosofia da matemática nos mostra que um importante papel conceitual é desempenhado pela oposição entre provas que convencem, mas não explicam, e provas que, além de fornecer a convicção requerida de que o resultado é verdadeiro, também mostram *porque* ele é verdadeiro. Filosoficamente, esta tradição começa com a distinção de Aristóteles entre provas *to oti* e provas *to dioti* e possui uma rica história passando por, entre outros, a *Lógica de Port Royal*, escrita por Arnauld e Nicole, Bolzano e Cournot (veja Harari, 2008; Kitcher, 1975; e Mancosu, 1996, 1999, 2000 e 2001). Essa oposição filosófica entre tipos de provas também influenciou a prática matemática e levou frequentemente muitos de seus defensores a criticar a prática matemática existente por sua inadequação epistemológica (veja, por exemplo, o programa de Guldin no século XVII; Mancosu, 1996, 2000; e o trabalho de Bolzano na geometria e na análise (Kitcher, 1975)). O modelo de Steiner de explicação, a ser discutido abaixo, embora não se baseasse na oposição aristotélica, pretendia caracterizar a distinção entre provas explicativas e não explicativas.

A oposição entre provas explicativas e não explicativas não é somente um produto de reflexão filosófica, mas também nos confronta a um dado da prática matemática. Um matemático (ou uma comunidade de matemáticos) poderia encontrar uma prova absolutamente convincente de certo resultado e, ainda, ele (ou eles) poderia estar insatisfeito com a prova, pois ela não fornece uma explicação do fato em questão. O grande matemático Mordell, para escolher um exemplo entre muitos, menciona o fenômeno na seguinte passagem:

> Mesmo quando uma prova foi dominada, pode haver um sentimento de insatisfação com ela, embora possa ser estritamente lógica e convincente, tal como, por exemplo, a prova de uma proposição em Euclides. O leitor pode sentir que algo está faltando. O argumento pode ter sido apresentado de tal modo quanto a não lançar nenhuma luz sobre o porquê e o motivo do procedimento ou sobre a origem da prova ou porque ela tem êxito (Mordell, 1959:11).

Esse sentimento de insatisfação frequentemente levará a uma

busca por uma prova mais satisfatória. Matemáticos apelam para esse fenômeno com razoável frequência (veja Hafner e Mancosu, 2005, para maiores citações de fontes matemáticas; e, de fato, Hafner e Mancosu, 2008) para tornar o projeto de explicar filosoficamente esta noção, uma noção importante para uma concepção filosófica da prática matemática. Porém, explicações em matemática não surgem somente na forma de provas. Em alguns casos, as explicações são buscadas em uma reformulação substancial de toda uma disciplina. Em tais situações, a reformulação substancial produzirá novas provas, mas o caráter explicativo das novas provas é derivativo da reformulação conceitual. Isto leva a um quadro mais global (ou holístico) da explicação do que aquele baseado na oposição entre provas explicativas e não explicativas (em Mancosu, 2001, descrevo em detalhes tal caso global de atividade explicativa a partir da análise complexa; veja também Kitcher, 1984; e Tappenden, 2005, para estudos de casos adicionais). O ponto é que, no último caso, o caráter explicativo é primariamente uma propriedade das provas, enquanto no primeiro caso ele é uma propriedade de toda a teoria ou quadro. Isso captura bem a diferença entre as duas principais concepções de explicação matemática disponíveis no momento, aquelas de Steiner e Kitcher. Antes de discuti-las, devo acrescentar que outros modelos de explicação científica podem ser pensados como se estendendo para a explicação matemática. Por exemplo, Sandborg (1997, 1998) testa a concepção de explicação de van Frassen como respostas para questões-porquê usando casos de explicação matemática.

Steiner propôs seu modelo de explicação matemática em 1978. Ao desenvolver sua própria concepção de provas explicativas em matemática, ele discute—e rejeita—vários critérios inicialmente plausíveis de explicação, i.e., a (ou o maior grau de) abstração ou generalidade de uma prova, sua visualizabilidade e seu aspecto genético, que daria lugar à descoberta do resultado. Em contraste, Steiner toma a ideia de que 'para explicar o comportamento de uma entidade, deduzimos o comportamento da essência ou natureza da entidade' (Steiner, 1978a:143). Para evitar as notórias dificuldades em definir os conceitos de essência ou de propriedade essencial (ou necessária), que, além do mais, não parecem ser úteis em contextos matemáticos, uma vez que todas as verdades matemáticas são vistas como necessárias, Steiner introduz o conceito de propriedade caracterizadora. Com esta noção, Steiner se refere a uma 'propriedade única para uma dada entidade ou estrutura dentro de uma família ou domínio de tais entidades ou estruturas', onde a noção de família é tomada como indefinida. Daí, o que distingue uma prova explicativa de uma não explicativa é que somente a primeira envolve tal propriedade caracterizadora. Nas palavras de Steiner: 'uma prova explicativa faz referência a uma propriedade caracterizadora de uma entidade ou estrutura mencionada no teorema tal que, a partir da prova, é evidente que o resultado depende da propriedade'. Além disso, uma prova explicativa é generalizável no seguinte sentido. Variar o aspecto relevante (e, com isto, certa propriedade caracterizadora) em tal prova dá lugar a um arranjo de teoremas correspondentes que são provados—e explicados—por um arranjo de 'deformações' da prova original. Assim, Steiner alcança dois critérios para provas explicativas, a saber, dependência de uma propriedade caracterizadora e a capacidade de generalização por meio de variações daquela propriedade (Steiner, 1978a:144, 147).

O modelo de Steiner foi criticado por Resnik e Kushner (1987), que questionaram a distinção absoluta entre provas explicativas e não explicativas e argumentaram que tal distinção somente pode ser dependente do contexto. Eles também forneceram contraexemplos ao critério defendido por Steiner. Em Hafner e Mancosu (2005) é argumentado que as críticas de Resnik e Kushner são insuficientes como um desafio para Steiner, pois se fundamentam na atribuição do caráter explicativo a provas específicas baseadas não em avaliações dadas por matemáticos praticantes, mas sim confiando nas intuições dos autores. Por contraste, Hafner e Mancosu constroem seu caso contra Steiner usando um exemplo de explicação da análise real, *reconhecido como tal na prática matemática*, que concerne à prova do critério de convergência de Kummer. Eles argumentam que o caráter explicativo da prova do resultado em questão não pode ser explicado no modelo de Steiner e, mais importante, isto é instrumental em fornecer um escrutínio cuidadoso e detalhado dos vários componentes conceituais do modelo. Além disso, discussão adicional da concepção de

Steiner, pretendendo melhorá-la, se encontra em Weber e Verho-even (2002).

O modelo de Kitcher é descrito extensamente em Hafner e Mancosu (2008). Críticas a teorias unificadas da explicação como sendo insuficientes para a explicação matemática também têm sido formuladas vigorosamente em Tappenden (2005). Na próxima seção, gostaria de assinalar alguns aspectos da posição de Kitcher que nos faz retornar à questão da generalização e abstração.

7.4. Kitcher sobre Explicação e Generalização

Começarei com uma citação impressionante sobre generalização e sua relação com explicação dentro da matemática. A citação é tomada de Cournot:

> Generalizações que são frutíferas, pois revelam em um único princípio geral a razão de um grande número de verdades, cuja conexão e origem comum não haviam sido previamente vislumbradas, são encontradas em todas as ciências, particularmente na matemática. Tais generalizações são as mais importantes de todas, e sua descoberta é obra de gênio. Existem também generalizações estéreis que consistem em estender, para casos sem importância, o que pessoas inventivas estavam satisfeitas em estabelecer para casos importantes, deixando o restante para as indicações facilmente discerníveis da analogia. Em tais casos, passos adicionais em direção a abstração e generalização não significam uma melhora na *explicação* da ordem das verdades matemáticas e suas relações, pois este não é o modo que a mente procede de um fato subordinado para um que vai além dela e a *explica* (Cournot, 1851, seção. 16, tradução da tradução inglesa de 1956, p. 24, ênfase minha).

A oposição central nesse texto é aquela entre generalizações frutíferas vs. generalizações estéreis. O que distingue ambas é que as primeiras são explicativas, enquanto as últimas não o são. O gênio consiste, segundo Cournot, não na generalização *tout court*, mas naquelas generalizações que são capazes de revelar a ordem explicativa de acordo com a qual as verdades matemáticas são estruturadas. Um enunciado impressionantemente similar encontra-se em um artigo do matemático S. Mandelbrojt, que

afirma que 'la généralité est belle lorqu'elle posséde un carac-
tere explicatif' e 'l'abstraction est belle et grande lorsqu'elle est
explicative' (Mandelbrojt, 1952:427–428). Também Mandelbrojt
assinalou que a generalização pode ser corriqueira e tediosa. A
generalização é informativa quando é explicativa. Tais generalizações explicativas podem ser obtidas p̂elo grau correto de
abstração e mostraria o objeto de estudo em seu 'habitat natural'.
Finalmente, note que tanto Cournot quanto Mandelbrojt aceitam
como uma matéria de fato que existem explicações matemáticas.
Com efeito, as citações acima somente podem ser o começo do
trabalho. Qual é, então, a relação entre explicação e generalização na matemática? Esta é uma grande questão que não pode
ser respondida nesta introdução, mas é importante trazê-la uma
vez que esta teia de relações entre explicação, generalidade e
abstração é recorrente em todas as tentativas de falar sobre explicação. Aqui, proponho indicar como o problema reaparece nos
escritos de Kitcher. Kitcher é muito conhecido como um defensor
da teoria da explicação como unificação. O primeiro artigo de
Kitcher em que generalização e explicação são tematizados é sobre a filosofia da matemática de Bolzano, de 1975. Como parte de
sua análise de Bolzano, Kitcher argumentou contra a tese que 'um
argumento dedutivo é explicativo se e somente se suas premissas
são ao menos tão gerais quanto sua conclusão'. Contra essa tese,
ele trouxe a seguinte objeção:

> De qualquer modo, o critério de generalidade é mal-adaptado
> ao caso da matemática. Existe uma dificuldade muito especial
> com derivações em aritmética, a saber, que muitas provas usam
> o método da indução matemática. Suponha que eu prove um
> teorema por indução, mostrando que todos os inteiros positivos
> possuem a propriedade F. Isto é feito mostrando:
>
> a) 1 tem F
>
> b) se todos os números menores do que n possuem F, então n
> tem F (É claro, existem outras versões do método de indução).
> Pareceria difícil negar que esta é uma prova genuína. [...] Além
> disso, este tipo de prova não traz problemas para a afirmação de
> Bolzano de que provas genuínas são explicativas; sentimos que a
> estrutura dos inteiros positivos é exibida mostrando como 1 possui
> a propriedade F e como F é herdada pelos sucessivos inteiros
> positivos e, ao desvendar esta estrutura, a prova explica o teorema.
> Contudo, provas por indução violam o critério de generalidade

[...]. Qualquer que seja a concepção fornecida por Bolzano, e qualquer que seja a generalidade que ela alcança na aritmética, Bolzano certamente teria dificuldades em evitar a consequência de que a proposição expressa por '1 tem F' é menos geral do que a expressa por 'todo número tem F' (Kitcher, 1975:266).

Creio que este argumento é muito leviano e sofre de uma tentativa infrutífera de usar a complexidade de fórmulas lógicas como uma medida de generalidade. O primeiro problema é que é fácil reformular as duas premissas da indução como uma única sentença universal, eliminando assim '1 tem F' como uma premissa independente. O segundo problema é que nem todos concordariam que provas por indução são explicativas (veja Mancosu, 2001, nota 11). Portanto, acho que o argumento é irrelevante.

Um contexto relacionado, onde Kitcher aborda a questão da generalização, é em seu livro *The Nature of Mathematical Knowledge*, de 1984. Este é um livro complexo e não tentarei fornecer um panorama geral de seus conteúdos. Entretanto, uma das principais questões que Kitcher levanta é: como a matemática se desenvolve? Quais são os padrões de mudança que são típicos da matemática? O processo de desenvolvimento é racional? No capítulo 9 desse livro ele formula o objetivo como se segue:

Estarei concernido aqui em isolar aqueles padrões constitutivos das alterações e ilustrá-los com breves exemplos. Tentarei explicar como as atividades de responder questões, de geração de questões, de generalização, de rigorização e de sistematização produzem transições racionais entre práticas. Quando estas atividades ocorrem em uma sequência, a prática matemática pode ser drasticamente alterada através de uma série de passos racionais (Kitcher, 1984:194).

Vamos, então, considerar a generalização:

Um dos padrões mais prontamente discerníveis de alteração matemática, um que não discuti explicitamente até o momento, é a extensão da linguagem matemática por generalização (Kitcher, 1984:207).

Como exemplos, Kitcher mencionou a redefinição de Riemann da integral definida, a busca de Hamilton por números hipercomplexos e a generalização cantoriana da aritmética finita. O objetivo de Kitcher é 'tentar entender o processo de generalização

que figura nesses episódios e ver como a busca por generalização pode ser racional' (Kitcher, 1984:207). Entretanto, nem todas
as generalizações são significantes. De fato, é fácil criar generalizações triviais. O que distingue as generalizações triviais das
significantes? É aqui onde novamente entra em jogo a explicação:

> Generalizações significantes são explicativas. Elas explicam nos
> mostrando exatamente como, modificando certas regras que
> são constitutivas do uso de algumas expressões da linguagem,
> obteríamos uma linguagem e uma teoria dentro das quais resul-
> tados análogos àqueles que já aceitamos seriam acessíveis. De
> uma perspectiva da nova generalização, vemos nossa velha teoria
> como um caso especial, um membro de uma família de teorias
> relacionadas (Kitcher, 1984:208–209).

A partir de tais considerações, Kitcher tenta distinguir entre as
generalizações racionalmente aceitáveis e aquelas que não o são:

> Aquelas estipulações 'generalizantes' que falham em iluminar
> aquelas áreas que já foram desenvolvidas não são racionalmente
> aceitáveis (1984:209).

Em outras palavras, para dar conta da racionalidade do processo de generalização em matemática, precisamos de uma concepção de explicação matemática. Além disso, um dos benefícios
vislumbrados por Kitcher de sua análise em termos de poder explicativo é que, através dela, poderíamos ser capazes dar conta
de juízos de valor dados por matemáticos, quando falam com en-
tusiasmo sobre a qualidade estética de uma parte da matemática
ou sobre seu 'interesse' (veja p. 232).

Assim, deveria ser óbvio como a necessidade de uma teoria da
explicação matemática emerge a partir destas considerações sobre generalização. Somente generalizações significantes podem
dar conta da mudança racional em matemática, e estas são as generalizações explicativas. Seria um erro, entretanto, pensar que a
generalização é o único padrão de mudança em matemática que
pode nos fornecer explicações. Além da generalização, Kitcher
discute a rigorização e a sistematização como fontes de entendimento e explicação (p. 227). Em seu trabalho posterior, tal como
(Kitcher, 1989), ele utiliza a unificação como o modelo abrangente
para a explicação tanto em ciência quanto em matemática:

O fato de que a abordagem via unificação dá conta da explicação e também de assimetrias explicativas obtém seu crédito
em matemática (Kitcher, 1989:437).

Permita-me apenas me referir aqui ao artigo "Explanatory Unification and the Causal Structure of the World" para algumas pe-
quenas citações finais. Em um ponto da discussão, Kitcher está
tentando mostrar as limitações de uma teoria da explicação que
toma a causalidade como conceito central. Ele objeta que, na
sintaxe formal e na matemática, possuímos explicações que não
são causais. Ele menciona a prova de Bolzano do Teorema do
Valor Intermediário como uma prova explicativa de um teorema
cujas provas anteriores não eram explicativas, e também um caso
dependente de axiomatizações alternativas de teoria de grupos.
Após a discussão, ele conclui:

> Além disso, neste caso [axiomatizações de teoria de grupos] e
> naquele discutido em A [a prova de Bolzano], não é difícil ver
> uma razão para as distinções das derivações: a derivação preferida
> pode ser generalizada para se alcançar resultados de alcance mais
> amplo (Kitcher, 1989:425).

> Em ambos os exemplos, a derivação explicativa é similar às
> derivações que poderíamos fornecer para um resultado mais geral;
> a derivação não explicativa não pode ser generalizada, ela se aplica
> somente ao caso local (Kitcher, 1989:425).

Esta breve menção de passagens em Kitcher concernentes
à generalidade e explicação somente pretende relembrar a importância da generalidade neste contexto. Limitações de espaço
não me permitem discutir como a questão da generalidade desempenha um papel no modelo de Steiner. Enquanto Steiner
rejeita a tese de que o caráter explicativo pode ser manejado em
termos de generalidade, também incorpora um apelo à generalidade em sua teoria da explicação ao requerer que provas explicativas sejam generalizáveis ('Não é, então, a prova geral que
explica, é a prova generalizável.' Steiner, 1978a; veja Hafner e
Mancosu, 2005, para uma discussão mais extensa).

7.5. Conclusão

O tópico da explicação matemática oferece um vasto e inexplorado território para desbravamento. A maior parte do trabalho está por ser feito. Precisamos discutir e analisar explicações matemáticas nas ciências e explicações matemáticas dentro da matemática pura. Esses estudos de caso têm então que serem usados para testar uma variedade de teorias da explicação científica e teorias da explicação matemática. Isso, por sua vez, será instrumental na tentativa de fornecer teorias mais amplas e abrangentes da explicação científica (ou, talvez, em mostrar que não haveria tal teoria). Finalmente, todo este trabalho terá um grande impacto em problemas filosóficos mais amplos, tais como, entre outros, o de dar conta das aplicações da matemática e dos argumentos de indispensabilidade em ontologia, e fornecer uma epistemologia mais rica para a matemática.

7.6. Referências Bibliográficas

Baker, Alan. 2005. "Are there Genuine Mathematical Explanations of Physical Phenomena?" *Mind* 114:223–238.

Batterman, Robert. 2001. *The Devil in the Details*. Oxford: Oxford University Press.

Colyvan, Mark. 2001. *The Indispensability of Mathematics*. Oxford: Oxford University Press.

—. 2002. "Mathematics and Aesthetic Considerations in Science." *Mind* 11:69–78.

Dummett, Michael. 1978. "Platonism." In Michael Dummett (ed.), *Truth and Other Enigmas*, 202–204. London: Duckworth.

Feferman, Solomon. 1964. "Systems of Predicative Analysis." *The Journal of Symbolic Logic* 29:1–30.

—. 2004. "Comments on "Predicativity as a Philosophical Position" by G. Hellman." *Revue Internationale de Philosophie* 229(3):313–323.

Hafner, Johannes e Mancosu, Paolo. 2005. "The Varieties of Mathematical Explanation." In P. Mancosu, K. Jørgensen, e S. Pedersen (eds.), *Visualization, Explanation and Reasoning Styles in
Mathematics*, 215–250. Dordrecht: Springer.

—. 2008. "Beyond Unification." In P. Mancosu (ed.), *The Philosophy
of Mathematical Practice*, 151–178. Oxford: Oxford University
Press.

Harari, Orna. 2008. "'Proclus' Account of Explanatory Demon-
strations in Mathematics and its Context." *Archiv für Geschichte
der Philosophie* 90(2):137–164.

Hellman, Geoffrey. 2004. "Predicativity as a Philosophical Position." *Revue Internationale de Philosophie* 229(3):295–312.

Kitcher, Philip. 1975. "Bolzano's Ideal of Algebraic Analysis."
Studies in History and Philosophy of Science 6:229–269.

—. 1984. *The Nature of Mathematical Knowledge*. Oxford: Oxford
University Press.

—. 1989. "Explanatory Unification and the Causal Structure of the
World." In P. Kitcher e W. Salmon (eds.), *Scientific Explanation*,
410–505. Minneapolis: University of Minnesota Press.

Leng, Mary. 2005. "Mathematical Explanation." In C. Cellucci e
D. Gillies (eds.), *Mathematical Reasoning and Heuristics*, 167–189.
London: King's College Publications.

Lipton, Peter. 2004. "What Good is an Explanation?" In J. Corn-
well (ed.), *Explanations. Styles of Explanation in Science*, 1–21.
Oxford: Oxford University Press.

Maddy, Penelope. 1990. *Realism in Mathematics*. Oxford: Oxford
University Press.

—. 1997. *Naturalism in Mathematics*. Oxford: Oxford University
Press.

Mancosu, Paolo. 1996. *Philosophy of Mathematics and Mathematical
Practice in the Seventeenth Century*. Oxford: Oxford University
Press.

—. 1999. "Bolzano and Cournot on Mathematical Explanation." *Revue d'Histoire des Sciences* 52:429–455.

—. 2000. "On Mathematical Explanation." In E. Grosholz e H. Breger (eds.), *The Growth of Mathematical Knowledge*, 103–119. Dordrecht: Kluwer.

—. 2001. "Mathematical Explanation: Problems and Prospects." *Topoi* 20:97–117.

Mandelbrojt, Stephan. 1952. "Pourquoi Je Fais des Mathématiques." *Revue de Metaphysique et de Morale* 57:422–429.

Melia, Joseph. 2000. "Weaseling Away the Indispensability Argument." *Mind* 109:455–479.

—. 2002. "Response to Colyvan." *Mind* 111:75–79.

Mordell, Louis. 1959. *Reflections of a Mathematician*. Montreal: Canadian Mathematical Congress.

Nerlich, Graham. 1979. "What Can Geometry Explain?" *British Journal for the Philosophy of Science* 38:141–158.

Resnik, Michael e Kushner, David. 1987. "Explanation, Independence, and Realism in Mathematics." *British Journal for the Philosophy of Science* 38:141–158.

Sandborg, David. 1997. *Explanation and Mathematical Practice*. Ph.D. thesis, University of Pittsburgh.

—. 1998. "Mathematical Explanation and the Theory of Why-Questions." *British Journal for the Philosophy of Science* 49:603–624.

Shapiro, Stewart. 2000. *Thinking About Mathematics*. Oxford: Oxford University Press.

Sober, Elliott. 1993. "Mathematics and Indispensability." *The Philosophical Review* 102:35–57.

Steiner, Mark. 1978a. "Mathematical Explanation." *Philosophical Studies* 34:135–151.

—. 1978b. "Mathematics, Explanation, and Scientific Knowledge." *Noûs* 12:17–28.

Tappenden, Jamie. 2005. "Proof Style and Understanding in Mathematics I: Visualization, Unification and Axiom Choice." In P. Mancosu, K. Jørgensen, e S. Pedersen (eds.), *Visualization, Explanation and Reasoning Styles in Mathematics*, 147–214. Dordrecht: Springer.

Weber, Erik e Verhoeven, Liza. 2002. "Explanatory Proofs in Mathematics." *Logique et Analyse* 179–180:299–307.

www.ingramcontent.com/pod-product-compliance
Lightning Source LLC
Chambersburg PA
CBHW071655200326
41519CB00012BA/2520